JOACHIM GANSKE

Der Begriff des Nachteils bei den strafprozessualen Verschärfungsverboten

NEUE KÖLNER RECHTSWISSENSCHAFTLICHE ABHANDLUNGEN

HERAUSGEGEBEN VON

DER RECHTSWISSENSCHAFTLICHEN FAKULTÄT

DER UNIVERSITÄT ZU KÖLN

HEFT 15

Berlin 1960

WALTER DE GRUYTER & CO.

vormals G. J. Göschen'sche Verlagshandlung · J. Guttentag, Verlagsbuchhandlung
Georg Reimer · Karl J. Trübner · Veit & Comp.

Der Begriff des Nachteils

bei den strafprozessualen Verschärfungsverboten

von

Dr. Joachim Ganske

Köln

Berlin 1960

WALTER DE GRUYTER & CO.

vormals G. J. Göschen'sche Verlagshandlung · J. Guttentag, Verlagsbuchhandlung
Georg Reimer · Karl J. Trübner · Veit & Comp.

Archiv-Nr. 27 08 60 / 15
Satz und Druck: Walter de Gruyter & Co., Berlin W 35

Inhaltsverzeichnis

Literaturverzeichnis

Ackermann	Zur Anrechnung der Untersuchungshaft, NJW 1950, 367 ff.
Arndt, Herbert	Die verwirkte Strafe in § 27 b StGB, GA 1956, 74 f.
Arnold	Unbedingte Unzulässigkeit der reformatio in peius, GS 1858, 207 ff.
Becker (Marburg)	Reformatio in peius durch Erhöhung einer Gefängnisstrafe mit Rücksicht auf den wegen Tateinheit eintretenden Wegfall einer Geldstrafe? GA 72, 184 ff.
Becker, W.	Ein Beitrag zur Frage der reformatio in peius, GS 98, 121 ff.
Beling, Ernst	Deutsches Reichsstrafprozeßrecht mit Einschluß des Strafgerichtsverfassungsrechts, Berlin und Leipzig 1928, zitiert „Reichsstrafprozeßrecht".
	Der nicht mitangefochtene und der teilweise angefochtene Schuldspruch, GA 63, 163 ff., zitiert „Schuldspruch".
Bennecke	Lehrbuch des deutschen Strafprozeßrechts, Breslau 1895.
Bennecke-Beling	Lehrbuch des deutschen Reichsstrafprozeßrechts, Breslau 1900.
Bernoulli	Das Verbot der reformatio in peius im Schweizerischen Strafprozeßrecht, Züricher Dissertation, Winterthur 1953.
Binding, Karl	Grundriß des deutschen Strafprozeßrechts, 5. Aufl. Leipzig 1904, zitiert „Grundriß".
Birkmeyer	Deutsches Strafprozeßrecht, Berlin 1898.
Brachvogel	Zulässigkeit der reformatio in peius, ZStW Bd. 13 (1893), 206 ff.
Brandstetter	Strafverfahrensrechtliche Fragen zur Währungsumstellung, SJZ 1948, 786 f.
Bruns	Sicherungsmaßregeln und Verschlechterungsverbot, JZ 1954, 730 ff.
	Die Strafaussetzung zur Bewährung. Ein Rückblick auf Rechtsprechung und Lehre seit dem Inkrafttreten der §§ 23 ff. StGB (N. F.), GA 1956, 193 ff. (234 ff.).
	Die Entziehung der Fahrerlaubnis (§ 42 m StGB, § 111 a StPO), GA 1954, 161 ff.
Coenders	Über den Strafantrag und die Privatklage der Nichtverletzten, GS Bd. 83 (1915), 286 ff.
Dalcke	Strafrecht und Strafverfahren, 35. Aufl., Berlin und München 1950.

Dallinger	Das Dritte Strafrechtsänderungsgesetz II. Teil Gerichtsverfassung und Strafverfahren, JZ 1953, 432ff.
Dallinger-Lackner	Kommentar zum Jugendgerichtsgesetz München und Berlin 1955.
Dallinger	Erste Zweifelsfragen zum Strafrechtsbereinigungsgesetz, MDR 1954, 1ff. Aus der Rechtsprechung des Bundesgerichtshofs in Strafsachen, MDR 1951, 464; 1952, 660; 1954, 148f. und 333f.; 1956, 9ff.; 1957, 526.
Daude	Strafprozeßordnung für das Deutsche Reich, 8. Aufl. Berlin 1912.
Dochow	Der Reichsstrafprozeß, 3. Aufl. 1880.
Graf Dohna	Das Strafprozeßrecht, 3. Aufl., Berlin 1929.
Dorendorf	Die Strafprozeßordnung für das Deutsche Reich, 1881.
Dreher	Die Vereinheitlichung von Strafen und sichernden Maßregeln, ZStW Bd. 65 (1953), 481ff.
Dreher-Maassen	Strafgesetzbuch mit Erläuterungen und den wichtigsten Nebengesetzen, 2. Aufl., München und Berlin 1956.
Ebermayer-Lobe-Rosenberg-Nagler	Strafgesetzbuch (Leipziger Kommentar), 8. Aufl., Berlin 1957, Erster Band, §§ 1 bis 152 StGB, zitiert „LK".
Eckels	Strafaussetzung zur Bewährung und Gesamtstrafenbildung, NJW 1954, 1672ff.
Eisner	Reformatio in peius bei Verkennung des § 79 StGB durch den Schöffenrichter?, Recht 1909, 507f.
Erbs	Handkommentar zur Strafprozeßordnung, Frankfurt a. M. und Bonn 1950.
Feisenberger	Strafprozeßordnung und Gerichtsverfassungsgesetz unter besonderer Berücksichtigung der Rechtsprechung, Berlin und Leipzig 1926.
Fischer, Erich	Das Verbot der reformatio in peius in der Reichsstrafprozeßordnung, Dissertation Halle a. d. Saale 1934.
Gage-Sarstedt	Die Revision in Strafsachen (Das Recht des Revisionsverfahrens in Strafsachen für den praktischen Gebrauch bearbeitet von ...), 3. Aufl., Essen 1956.
Gelbert	Die Schlechterstellung des Angeklagten („reformatio in peius") bei der fortgesetzten Handlung und beim Kollektivdelikt, DJ 1936, 1335ff.
Gerber	Das Verbot der reformatio in peius im Reichsstrafprozeß, Strafrechtliche Abhandlungen Heft 165, Breslau 1913.
Gerland	Der deutsche Strafprozeß, Mannheim-Berlin-Leipzig 1927. Der § 380 und der § 372 der StPO, BayZ 1911, 125ff.
Geyer	Lehrbuch des gemeinen deutschen Strafprozeßrechtes, Leipzig 1880.
Graf Gleispach	Deutsches Strafverfahrensrecht, ein Grundriß, Berlin 1943.

Groß, Arthur	Darstellung des Rechtsmittelsystems des gegenwärtigen deutschen Strafprozesses in seinen Grundzügen, Tübinger Dissertation, Leipzig 1887.
Haars-Rothe	Verbot der reformatio in peius? Zwei Stimmen aus der Praxis, DJ 1933, 654f.
Haas	Das Verbot der reformatio in peius im geltenden Strafprozeßrecht (einschließlich Militärstrafgerichtsordnung) und die Frage seiner Beibehaltung im künftigen Strafprozeß, Dissertation, Tübingen 1934.
Hellmer	Die Strafaussetzung zur Bewährung und das Verbot der Schlechterstellung. Zugleich eine Besprechung von BGH JZ 1956, 101. JZ 1956, 714ff.
	Ist die Wiedergutmachung des Schadens Voraussetzung der Strafaussetzung? NJW 1956, 979f.
Hellwig, Albert	Reformatio in peius und Geldstrafengesetz, LZ 1922, 311ff.
Henkel	Strafverfahrensrecht. Ein Lehrbuch, Stuttgart und Köln 1953.
	Das deutsche Strafverfahren, 1943.
Hennke	Aus der Rechtsprechung zu § 23 StGB, DRiZ 1955, 3ff.
Hipp	Berufung und Revision im Strafprozeß, Heidelberger Dissertation, Leipzig 1910.
v. Hippel, Robert	Deutsches Strafprozeßrecht, Marburg 1941.
Jagusch	Über die Strafaussetzung zur Bewährung, JZ 1953, 688ff.
Karger	Haft und Gefängnis für eine Straftat. Ein Beitrag zum Verbot der reformatio in peius, GA 61, 201ff.
Katz	Das Verhältnis der Einzelstrafe zur Gesamtstrafe, GS Bd. 36 (1884), 576ff.
Kaufmann	Die Strafaussetzung zur Bewährung und das Verbot der reformatio in peius, JZ 1958, 297ff.
Keber	Gegen das Verbot der reformatio in peius, ein Symptom des Zurückweichens der staatlichen Strafgewalt vor dem Verbrecher, Spandau 1892.
Keller	Die Strafprozeßordnung für das deutsche Reich, Lahr 1878.
Kern	Strafverfahrensrecht, 3. Aufl., München und Berlin 1953.
Kirchberger	Ein eigenartiger Fall der reformatio in peius, ZStW Bd. 31 (1911), 120ff.
Klefisch	Die Rechtsmittel gegen Strafurteile im künftigen Strafprozeß, NJW 1951, 330ff.
Kleinfeller	Das Verbot der reformatio in peius, GS Bd. 38 (1886), 579ff.
Kleinknecht-Müller	Kommentar zur Strafprozeßordnung und zum Gerichtsverfassungsgesetz, 4. Aufl., Darmstadt 1958.
Kleinknecht-Müller-Reitberger	Kommentar zur Strafprozeßordnung und zum Gerichtsverfassungsgesetz, 3. Aufl., Darmstadt 1954, zitiert „KMR".

Kohlrausch	Strafprozeßordnung und Gerichtsverfassungsgesetz, 19. Aufl., Berlin und Leipzig 1922.
Kohlrausch-Lange	Strafgesetzbuch mit Erläuterungen und Nebengesetzen, 41. Aufl., Berlin 1956.
v. Kries	Lehrbuch des deutschen Strafprozeßrechts, Freiburg 1892, zitiert „Lehrbuch".
	Die Rechtsmittel des Civilprozesses und des Strafprozesses nach den Bestimmungen der Deutschen Reichsgesetze, Breslau 1880, zitiert „Rechtsmittel".
Lange, Richard	Das Dritte Strafrechtsänderungsgesetz (Strafrechtsbereinigungsgesetz), NJW 1953, 1161 ff.
Lauckner	Zur Geschichte und Dogmatik der reformatio in peius, Strafrechtliche Abhandlungen Heft 171, Breslau 1913.
Lehmann, Rudolf	Die reformatio in peius in der Revisionsinstanz, JW 1936, 696ff.
	Die Strafprozeßnovelle vom 28. 6. 1935, DJ 1935, 999ff.
v. Lilienthal	Strafprozeßrecht in Enzyklopädie der Rechts- und Staatswissenschaft Bd. 21, Berlin 1923.
	„Reformatio in peius" in Holtzendorfs Rechtslexikon, 3. Aufl., Leipzig 1881, Dritter Band Erste Hälfte, S. 315ff.
Löwe-Rosenberg	Die Strafprozeßordnung für das deutsche Reich, 19. Aufl. 1934, 20. Aufl. 1954, bearbeitet von Gündel-Hartung-Lingemann-Niethammer, zitiert „Löwe-R".
Lohsing	Das Verbot der reformatio in peius im Strafverfahren, in Juristische Vierteljahresschrift, 39. Bd., S. 93ff., Wien 1907.
Lucas-Dürr	Anleitung zur strafrechtlichen Praxis von Hermann Lucas. Erster Teil: das formelle Strafrecht, 5. Aufl., bearbeitet von Alfred Dürr, 1931.
Lueder	Zwei Bemerkungen zur Lehre von den Rechtsmitteln des Strafprozesses, GS Bd. 17 (1865), 465ff. (II., 473ff.).
Lüttger	Die Änderung des Schuldspruches durch das Revisionsgericht in der Rechtsprechung des Obersten Gerichtshofes für die Britische Zone, DRZ 1950, 348ff.
Maurach	Deutsches Strafrecht Allgemeiner Teil, ein Lehrbuch, Karlsruhe 1954.
Meister	Mängel der neuen §§ 23ff. StGB, DRiZ 1953, 218f.
Merckel	Über das Recht der Berufung in Strafsachen und deren Einfluß und Wirkung auf das erstrichterliche Urteil, GS Fünfter Jahrgang Erster Band, (1853) 448ff.
Mittelbach	Die Strafaussetzung zur Bewährung durch den Richter, JR 1955, 5ff.
Mumm	Strafprozessuale Fragen, ZStW Bd. 22 (1902), 713ff. (unter II. Bemerkungen zum Verbote der reformatio in peius).

Neumann, Rudolf	System der strafprozessualen Wiederaufnahme, Berlin 1932.
Niederreuther	Umfang der Urteilsfindung in der Berufungsinstanz, insbesondere bei nur teilweiser Anfechtung des erstrichterlichen Urteils, JW 1934, 2433ff.
Niethammer	Ergänzungsband zu Löwe-R, 19. Aufl. Berlin und Leipzig 1936.
Norden	Zum Verbot der reformatio in peius, ZStW Bd. 29 (1909), 781ff.
Nüse	Das Gesetz zur Wiederherstellung der Rechtseinheit auf dem Gebiete der Gerichtsverfassung, der bürgerlichen Rechtspflege, des Strafverfahrens und des Kostenrechts, JR 1950, 553ff. (558).
	Zum Entwurf eines Strafrechtsbereinigungsgesetzes, JR 1952, 423ff.
Oetker	Besprechung des Buches von Binding: Grundriß des deutschen Strafprozeßrechts 5. Aufl., in GS Bd. 65 (1905), 431ff.
Ortloff	Die Rechtsmittel im Strafprozeß, GS Bd. 23 (1871), 184ff., 299ff., 321ff.
Pabst	Das Verbot der reformatio in peius in der deutschen Strafprozeßordnung, Dissertation, Würzburg 1934.
Peters, Karl	Strafprozeß, ein Lehrbuch, Karlsruhe 1952.
Pfister	Reformatio in peius, Recht 1910, 635f.
Potrykus	Kommentar zum Jugendgerichtsgesetz 4. Aufl., Darmstadt 1955.
Preiser	Zwei Grundfragen der Strafaussetzung zur Bewährung, NJW 1956, 1221ff.
Puchelt	Die Strafprozeßordnung für das deutsche Reich, Leipzig 1881.
Reimer, Heinz	Für und wider die reformatio in peius im Strafprozeß, Dissertation, Hamburg 1949 (Maschinenschrift).
Rintelen	Der Strafprozeß, Berlin 1891.
Rosenfeld	Der Reichsstrafprozeß, Berlin 1901.
Sauer	Allgemeine Prozeßrechtslehre, Berlin 1951.
Seibert	Zum Verbot der Schlechterstellung, MDR 1954, 340f.
Seuffert	Die reformatio in peius im neueren, insbesondere im bayerischen Strafprozeß, München 1861.
Siegert	Die Rechtskraftwirkungen im künftigen Strafprozeß, DStr 1935, 283ff.
Silber	Die reformatio in peius im deutschen, österreichischen und schweizerischen (Basler und Bernischen) Strafprozeßrecht, Dissertation Würzburg 1924 (Maschinenschrift).
Sprengel, Irmgard	Die reformatio in peius im Strafverfahren in Geschichte und Gegenwart, Dissertation Göttingen 1937.

Schäfer-Wagner-Schafheutle	Gesetz gegen gefährliche Gewohnheitsverbrecher und über Maßregeln der Sicherung und Besserung, Berlin 1934.
Schlayer	Die Beschwerdepunkte bei der Berufung und ihre Bedeutung für den Umfang des richterlichen Prüfungsrechts nach der StPO und MStGO nebst Vorschlägen zu einer anderweitigen gesetzlichen Regelung des Rechtsmittelsystems, ZStW Bd. 23 (1903), 702ff. (724f.).
Schlüter	Die Strafprozeßnovelle vom 28. 6. 1935, zweiter Teil, JW 1935, 2329ff.
Schmidt, Eberhard	Lehrkommentar zur Strafprozeßordnung und zum Gerichtsverfassungsgesetz, Teil I Göttingen 1952, Teil II Göttingen 1957.
Schmidt, Wilhelm	Das Für und Wider die strafrechtliche reformatio in peius, JR 1950, 193ff.
Schneidewin	Der erste Band der Entscheidungen des Bundesgerichtshofs in Strafsachen, NJW 1952, 681ff.
Schönke-Schröder	Strafgesetzbuch, Kommentar, 7. Aufl. München und Berlin 1954.
Schröder, Horst	Bedingte Verurteilung, NJW 1952, 6ff.
Schulze, Hans-Eugen	Die Anwendung von § 25 StGB, NJW 1957, 772ff.
Schultzenstein	Wesen und Grund der Unzulässigkeit einer reformatio in peius, Buchs Zeitschrift für den deutschen Civilprozeß, Bd. 31, 1ff.
Schwarz, Otto und Günter	Kurzkommentar zur Strafprozeßordnung, 18. Aufl. München und Berlin 1955, 20. Aufl. ebenda 1957.
Schwarz	Die reformatio in peius in der Praxis, JW 1935, 3345ff.
	Berufung oder Revision, DStr 1936, 24ff.
Schwarz	Der neue Strafprozeß aufgrund des Gesetzes vom 28. 6. 1935, DJZ 1935, 928ff.
	Die Strafrechtsnovellen vom 28. Juni 1935, GS Bd. 106 (1935), 243ff. (277).
v. Schwarze	Commentar zu der Deutschen Strafprozeßordnung und zu den auf dieselbe bezüglichen Bestimmungen des Gerichtsverfassungsgesetzes, Leipzig 1878.
	Über den Devolutiveffekt der Rechtsmittel insbesondere gegenüber dem Verbote der reformatio in peius, GS 14. Jahrgang (1862), 279ff.
	Über die Stellung des Appellationsrichters im mündlichen Strafverfahren, GS 9. Jahrgang, Erster Band (1857), 447ff., I. 450ff.
	Über die Beweiserhebungen in zweiter Instanz, gegenüber dem Verbote der reformatio in peius, GS 18. Jahrgang (1866), 380ff.
Stenglein	Die Strafprozeßordnung für das deutsche Reich, München 1898.
	Die Nebenklage, GS Bd. 35 (1883), 271ff.

Thierack	Rechtsmittel und Wiederaufnahme des Verfahrens im künftigen Strafprozeßrecht, GS Bd. 106 (1935), 1ff.
Thilo	Die Strafprozeßordnung für das Deutsche Reich, Berlin 1878.
Thode	Das Verbot der reformatio in peius im Reichsstrafprozeß, Göttinger Dissertation, Altona 1896.
Traub	Die Strafprozeßordnung, 1883.
Traut	Der Verweisungsbeschluß des § 270 der Strafprozeßordnung auf den verschiedenen Prozeßwegen, GS Bd. 57 (1899), 309ff. (357ff.).
v. Ullmann	Lehrbuch des deutschen Strafprozeßrechts, München 1893.
Weber, Alfred	Aus der Rechtsprechung des Oberlandesgerichts Dresden, ZStW 40, 201ff.
Werner	Die ersten sieben Bände der Entscheidungen des Bundesgerichtshofs zum Strafverfahrensrecht, DRiZ 1956, 102ff.
Winter	Reformatio in peius im Falle des § 369 Abs. 3 StPO, Recht 1906, 852ff.

Abkürzungsverzeichnis

a. A.	anderer Ansicht
a. a. O.	am angegebenen Ort
abl.	ablehnend (-er)
Abs.	Absatz
Abschn.	Abschnitt
abw.	abweichend
a. E.	am Ende
a. F.	alte Fassung
AG	Amtsgericht
Akz.	Aktenzeichen
allg.	allgemein(-e)
Allg. Verw. Verffg.	Allgemeine Verwaltungsverfügung
Alsberg	Entscheidungen der Oberlandesgerichte in Strafsachen, 3 Bände 1925 bis 1928 (I bis III), herausgegeben von Alsberg
a. M.	anderer Meinung
Anm.	Anmerkung
Anw.	Anweisung
Art.	Artikel
Aufl.	Auflage
BayObLG	Bayerisches Oberstes Landesgericht
BayObLGSt.	Entscheidungen des Bayerischen Obersten Landesgerichts in Strafsachen (N. F. 1. 1950/51 ff.)
BayObLGSt.	Sammlung von Entscheidungen des Bayerischen Obersten Landesgerichts in Strafsachen (bis 10. 1899/1901: d. obersten Gerichtshofes für Bayern in Gegenständen d. Strafrechtes u. Strafprozesses) (1. 1872 ff., N. F. 1. 1901 — 24. 1934)
BayZ	Zeitschrift für Rechtspflege in Bayern (1. 1905 — 30. 1934; vorher: Seufferts Blätter f. Rechtsanwendung)
Bd.	Band
Begr.	Begründung
Bem.	Bemerkung
BG	Berufungsgericht
BGBl. I	Bundesgesetzblatt, Teil I (1951 ff.)
BGH	Bundesgerichtshof
BGHSt.	Entscheidungen des Bundesgerichtshofs in Strafsachen (1. 1951 ff.)
BrZ	Britische Besatzungszone

DJ	Deutsche Justiz, Rechtspflege und Rechtspolitik (95. 1933 — 107. (= 13.) 1945; vorher Justiz-Ministerialblatt f. d. preuß. Gesetzgebung u. Rechtspflege)
DJZ	Deutsche Juristenzeitung (1. 1896 — 41. 1936)
DR	Deutsches Recht (1. 1931 — 15. 1945) (ab 9. 1939: Ausg. A = Wochenausg. vereinigt m. Juristische Wochenschrift; Ausg. B*) = Monatsausgabe vereinigt m. Deutsche Rechtspflege, erschien bis 12. 1942)
DRiZ	Deutsche Richterzeitung (1. 1909 — 27. 1935, 28. 1950ff.)
DRZ	Deutsche Rechts-Zeitschrift (1. 1946 — 5. 1950; dann m.: Südd. Juristenzeitung vereinigt zu: Juristenzeitung)
DStr.	Deutsches Strafrecht (N. F. 1. 1934 — 11. 1944; vorher: Archiv d. Strafrecht u. Strafprozeß)
DStrZ	Deutsche Strafrechts-Zeitung (1. 1914 — 9. 1922)
f.	und die folgende Seite
Fer. Sen.	Feriensenat
ff.	und die folgenden Seiten
GA	Archiv für Strafrecht und Strafprozeß, begr. v. Goltdammer (28. 1880 — 77. 1933; vorher: Arch. f. gemeines deutsches und preuß. Strafrecht; später: Dt. Strafrecht)
GA	Goltdammer's Archiv für Strafrecht (N. F. 1. 1954ff.; vorher: Dt. Strafrecht)
GS	Der Gerichtssaal
HessRspr.	Hessische Rechtsprechung (1. 1900/01 — 35. 1935)
HH	Holtzendorffs Handbuch Bd. 2, S. 285
HESt.	Höchstrichterliche Entscheidungen. Sammlung v. Entscheidungen d. Oberlandesgerichte u. d. Obersten Gerichte in Strafsachen. (1. 1948 — 3. 1949, 1)
h. M.	herrschende Meinung
HöchstRR	Höchstrichterliche Rechtsprechung auf dem Gebiete des Strafrechts (= Sonderbeil. d. Zs. f. d. gesamte Strafrechtswissenschaft) (1. 1925 — 3. 1927)
HRL	Holtzendorffs Rechtslexikon
HRR	Die Rechtsprechung (= Beil. d. Jurist. Rundschau) (1. 1925 — 3. 1927) dann: Höchstrichterliche Rechtsprechung (4. 1928 — 18. 1942; entstanden durch Zusammenlegung von: Jurist. Rundschau, (Beil.:) Die Rechtsprechung u. Höchstrichterliche Rechtsprechung auf d. Gebiete d. Strafrechts)

*) Vorübergehend erschien 1938 eine Ausgabe B für Österreich.

JGG	Jugendgerichtsgesetz
JMinBl. NRW	Justizministerialblatt für das Land Nordrhein-Westfalen
JR	Juristische Rundschau (1. 1925 — 11. 1935, 12. 1947ff.)
JW	Juristische Wochenschrift (1. 1872 — 68. 1939; dann: Deutsches Recht, vereinigt mit Jur. Wochenschrift)
JZ	Juristen-Zeitung (6. 1951ff.; Forts. von: Dt. Rechts-Zs. u. Süddt. Juristen-Ztg.)
KG	Kammergericht
KGJ	Jahrbuch für Entscheidungen des Kammergerichts in Sachen der freiwilligen Gerichtsbarkeit, in Kosten-, Stempel- und Strafsachen (bis 19. 1899: in Sachen d. nichtstreitigen Gerichtsbarkeit) (1. 1881 — 53. 1922)
KMR	siehe Literaturverzeichnis unter Kleinknecht
Komm.	Kommentar
LG	Landgericht
LK	Leipziger Kommentar, siehe Literaturverzeichnis unter Ebermayer
LM	Nachschlagewerk des Bundesgerichtshofs (LoseblSlg.), herausgegeben v. Lindenmaier, Möhring u. a. (1951ff.)
LS	Leitsatz
LZ	Leipziger Zeitschrift für Deutsches Recht (bis 7. 1913: f. Handels-, Konkurs- u. Versicherungsrecht) (1. 1907 — 27. 1933)
MDR	Monatsschrift für Deutsches Recht (1. 1947ff.)
MDR 19. . B	Beilage zur MDR
m. w. Nw.	mit weiteren Nachweisen
N. E.	Entwürfe einer Strafprozeßordnung I, II, III
NdsRpfl.	Niedersächsische Rechtspflege (1. 1947ff.)
NJW	Neue Juristische Wochenschrift (1. 1947/48ff.)
Nr.	Nummer
OGHBrZ	Oberster Gerichtshof für die Britische Zone
OGHSt.	Entscheidungen des Obersten Gerichtshofes für die Britische Zone in Strafsachen (1. 1949 — 3. 1950)
OLG	Oberlandesgericht
Recht	Das Recht, begr. v. Soergel (1. 1897 — 48. 1944; 32. 1928 — 37. 1933 = Beil. zu: Zentralbl. f. Handelsrecht; ab 39. 1935 = Beil. zu: Deutsche Justiz)

RegBlThür.	Regierungsblatt für das Land Thüringen (1945 — 1952) (Besteht aus Teil 1: Gesetzessammlung, Teil 2: Nachrichtenblatt (ab 1946: Amtsblatt), Teil 3: Übersicht z. d. Befehlen usw. d. Kontrollrats)
RG	Reichsgericht
RGBl.	Reichsgesetzblatt
RGRspr.	Rechtsprechung des deutschen Reichsgerichts in Strafsachen (1. 1879 — 10. 1888)
RGSt.	Entscheidungen des Reichsgerichtes in Strafsachen (1. 1880 — 77. 1944)
RStP	Reichsstrafprozeß
RStPO	Reichsstrafprozeßordnung
S.	Seite
SächsArch.	Sächsisches Archiv für Bürgerliches Recht und Prozeß (ab 14. 1904: f. Dt. Bgl. Recht) (1. 1891 — 15. 1905)
SchlHA	Schleswig-Holsteinische Anzeigen, Justizministerialblatt für Schleswig-Holstein Teil A. (N. F. 1. 1837 ff.)
SchlHolstOLG	Schleswig-Holsteinisches Oberlandesgericht
SeuffBl.	Seufferts Blätter für Rechtsanwendung (bis 71. 1906: Blätter f. Rechtsanwendung, zunächst in Bayern) (1. 1836 — 78. 1913; dann: Zs. f. Rechtspflege in Bayern)
SJZ	Süddeutsche Juristenzeitung (1. 1946 — 5. 1950; dann: Juristenzeitung)
StGB	Strafgesetzbuch für d. Deutsche Reich v. 15. 5. 1871 (RGBl. S. 127), neu bekanntgemacht am 25. 8. 1953 (BGBl. I. S. 1083)
StP	Strafprozeß
StPO	Strafprozeßordnung i. d. F. v. 22. 3. 1924 (RGBl. I S. 299, 322)
ThürBl.	Blätter für Rechtspflege in Thüringen und Anhalt (1. 1854 — 65. 1919/21)
u. a.	unter anderem
v.	vom
Ver. St. S.	Vereinigte Strafsenate des Reichsgerichts
vgl.	vergleiche
Vorbem.	Vorbemerkung
WarnJahrb.	Warneyers Jahrbuch der Entscheidungen, Abt. B. Strafrecht und Strafprozeß
ZAkfDR	Zeitschrift der Akademie für Deutsches Recht (1. 1934 — 11. 1944)
z. B.	zum Beispiel

ZBlJR	Zentralblatt für Jugendrecht und Jugendwohlfahrt (16. 1924/25 — 28. 1936; dann: Dt. Jugendhilfe; wieder unter dem alten Titel ab 37. 1950; vor 16. 1924/25: Zentralblatt f. Vormundschaftswesen usw.)
ZStW	Zeitschrift für die gesamte Strafrechtswissenschaft (1. 1844 — 104. 1944, 105. 1948/49ff.)
zust.	zustimmend (-e, -er)

Einleitung und Aufgabe

Das Verbot der reformatio in peius, der Schlechterstellung des Angeklagten im Rechtsmittelzuge, beruht auf den §§ 331, 358 Abs. 2 und 373 Abs. 2 der Strafprozeßordnung[1]).

Es schafft zugunsten des Angeklagten eine einseitige Bindung des Rechtsmittelgerichts an die Höhe des erstinstanzlichen Strafmaßes[2]).

---

[1]) Und früher nur auf diesen, KG HRR 1931 Nr. 1499 — 1 S 232/31 —; vgl. heute aber § 55 Abs. 5 Satz 2 des Ordnungswidrigkeitengesetzes und dazu OLG Hamm MDR 1953, 122 Nr. 92 — 1 Ws 205/52 — sowie parallel RG HöchstRR 1926, 185 — 3 D 106/26 — (das Verbot binde nur die Gerichte, nicht die Verwaltungsbehörden).

[2]) Das RG spricht von einseitig beschränkter Rechtskraft. RG JW 1925, 1010 Nr. 73 — 3 D 213/24 —; JW 1928, 2723 Nr. 23 m. Anm. Beling — III 406/28 —; RGSt. 67, 63 (64) — II 1276/32 —; RGSt. 69, 76 — 2 D 1384/34 —; BayObLGSt. 1952, 66 — 2 St. 125/52 —; OLG Braunschweig NdsRpfl. 1957, 248 — Ss. 137/57 —; OLG Frankfurt a. M. v. 18. 11. 1892 in GA 40, 359 (360); Löwe-R 20. Aufl. § 358 Anm. 6; KMR 3. Aufl. § 331 Anm. 1b, aber 1c; Kleinknecht-Müller § 331 Anm. 1b; a. A. Eberhard Schmidt § 331 Anm. 3. Das RG will deshalb einen Verstoß gegen das Verbot in der Revisionsinstanz von Amts wegen beachtet wissen, so RG RGSt. 67, 63 (64) — II 1276/32 —; HRR 1935 Nr. 559 — 4 D 644/34 —; JW 1935, 535 Nr. 39 — 1 D 1039/34 — (entgegen 1 D 632/34); JW 1935, 2381 Nr. 41 — 2 D 1406/34 —; BGH DRiZ Rspr. 1957, 44 Nr. 53 (LS) — 5 StR 463/56 —; Löwe-R 20. Aufl. § 358 Anm. 6; mit anderer Begründung — die Verbotsvorschriften seien sachliches Recht, weil sie die Strafrahmen des StGB veränderten — auch RG Recht 1925 Nr. 1567 — II 51/25 —, dort dafür zitiert I D 518/18 und III D 737/24 (für § 358 Abs. 2); KG v. 20. 6. 1889 in GA 37, 231; GA 45, 61 — S 1147/97 —; JW 1931, 1636 Nr. 27 — 4 V 51/31 — dort dafür zitiert 1 S 309/24 und 4 V 272/30; OLG Darmstadt v. 3. 10. 1907 in Hessische Rechtsprechung Bd. VIII, 138; OLG Kiel v. 22. 7. 1906 in SchlHA 1907, 320; OLG Posen in Alsberg II, 298 Nr. 230 — S 67/01 —; anderer Ansicht — das Verbot der reformatio in peius sei ausschließlich prozeßrechtlicher Natur — KG in Alsberg II, 298 Nr. 229f. — S 1090/06 —; KGJ 42, 308 (320) — 1 S 73/15 —; JW 1920, 302 Nr. 1 — S 61/19 —; GA 68, 289 — S 126/19 —; BayObLGSt. 1908, 207 (v. 1. 2. 1907); 1910, 280 (v. 8. 6. 1909); 1920, 49 — Rev.Reg. 49/19 —; OLG Breslau GA 57, 237 — 3 S 288/04 —; GA 56, 100 — 3 S 338/07 —; OLG Celle GA 38, 368 (v. 12. 9. 1890); GA 49, 311 — V 28/01 —; OLG Darmstadt GA 41, 429 (v. 6. 3. 1893); OLG Dresden SächsArch. 1911, 109 — III 83/09 —; GA 39, 176 (178) (v. 19. 3. 1891); JW 1927, 931 Nr. 20 m. zust. Anm. Mannheim — 2 OSt. 148/26 —; OLG Frankfurt a. M. GA 40, 359 (360) (v. 18. 11. 1892); JW 1922, 44 Nr. 2 — S 120/21 —; OLG Hamm Alsberg II, 295 Nr. 229a — S 91/06 —; OLG Naumburg GA 64, 175 — 3 S 224/12 —; OLG Posen WarnJahrb. 1914, 181 Nr. 2 (v. 26. 2. 1914); Eberhard Schmidt § 344 Anm. 12; Stenglein 3. Aufl. § 340 Anm. 1; Keller § 340 Anm. 1; v. Kries Lehrbuch 678; Schmidt GA 39, 265; vgl. ferner zu diesem Streit Gerber 51—55; Gerland BayZ 1911, 125ff.; zutreffend Polzin DStrZ 1922, 108.

§ 331 Abs. 1 StPO[3]) bestimmt für das Berufungsgericht:

„Das Urteil darf in Art und Höhe der Strafe nicht zum Nachteil des Angeklagten geändert werden, wenn lediglich der Angeklagte, zu seinen Gunsten die Staatsanwaltschaft oder sein gesetzlicher Vertreter Berufung eingelegt hat."

Die §§ 358 Abs. 2 Satz 1 und 373 Abs. 2 Satz 1 ordnen dasselbe an für das Revisionsgericht sowie für den Richter, der über ein wiederaufgenommenes Verfahren sachlich entscheidet. Dabei kehrt stets die Wendung wieder, daß das Urteil „in Art und Höhe der Strafe nicht zum Nachteil" des Angeklagten oder Verurteilten verändert werden dürfe.

Auf den ersten Blick scheint der Wortlaut der Verbotvorschriften so klar zu sein, daß er kaum Anlaß zu einem Streit geben kann, besagt er doch scheinbar eindeutig, daß dem Rechtsmittelrichter nur die Verschärfung des zweiten Urteils nach Art und Höhe der Strafe verboten sein soll und sind doch Begriff und Arten der Strafe im Ersten Abschnitt des Ersten Teils des Strafgesetzbuches in den §§ 14 bis 42 StGB festgelegt.

Man braucht sich aber nur daran zu erinnern, daß die Rechtsnatur der in diesem Abschnitt behandelten Polizeiaufsicht des § 38 StGB oder die der Einziehung des § 40 StGB als einer Strafe nicht unbestritten ist, um zu erkennen, wie fragwürdig diese scheinbare Klarheit des Wortlauts ist.

Liest man sodann die Verbotsvorschriften weiter, so finden sich, wörtlich gleichlautend, folgende Bestimmungen (§§ 331 Abs. 2, 358 Abs. 2 Satz 2, 373 Abs. 2 Satz 2):

„Diese Vorschrift steht der Anordnung der Unterbringung in einer Heil- oder Pflegeanstalt, einer Trinkerheilanstalt oder einer Entziehungsanstalt nicht entgegen"[4]).

Diese Unrechtsfolgen behandelt das Strafgesetzbuch mit anderen im Abschnitt 1a des Ersten Teils unter der Überschrift „Maßregeln der Sicherung und Besserung". Damit wird aber klar, daß das Wort „Strafe" in den Verbotsvorschriften nicht die in Rechtslehre und Rechtsprechung sonst übliche Bedeutung haben kann. Es muß vielmehr in einem umfassenderen Sinne aufgefaßt werden, wenn nicht der Ausschluß bestimmter Maßregeln von der Geltung des Verbots unverständlich bleiben soll.

So haben denn auch Rechtsprechung und Schrifttum wiederholt ausgedrückt, daß auf die Wahl des Wortes „Strafe" in den Verbotsvorschriften kein entscheidendes Gewicht zu legen sei[5]).

---

[3]) Paragraphen ohne nähere Bezeichnung sind solche der Strafprozeßordnung.

[4]) Angefügt durch Artikel 2 Ziffern 29, 30, 34 des Ausführungsgesetzes zu dem Gesetz gegen gefährliche Gewohnheitsverbrecher und über Maßregeln der Sicherung und Besserung v. 24. November 1933 (RGBl. I 1000).

[5]) RGSt. 44, 294 (295) — V 207/10 —; RGSt. 45, 62 (64) — III 302/11 —; BGHSt. 4, 157 (158) — 4 StR 90/53 —; der Sache nach Löwe-R 20. Aufl. § 358 Anm. 8; Potrykus 4. Aufl. § 55 JGG Bem. 10; Pabst S. 38 Fußnote 103.

Darüber hinaus haben die Verbotsvorschriften ihre heutige einheitliche Fassung erst durch das Gesetz zur Wiederherstellung der Rechtseinheit vom 12. September 1950 erhalten. An ihren früher unterschiedlichen Wortlaut knüpfte ein lebhafter Meinungsstreit darüber an, ob dem Rechtsmittelrichter auch die Veränderung des Schuldspruchs zuungunsten des Angeklagten verboten sei, obwohl schon damals wenigstens die §§ 358 Abs. 2 und 373 Abs. 2 vom Verbot der Strafschärfung sprachen.

Bedeutet das aber, daß bis zum Jahre 1950 auch die Verschärfung des Schuldspruchs wenigstens teilweise als „Nachteil" im Sinne der reformatio in peius angesehen wurde, so ist außer wegen der schon genannten Zweifelsfragen auch aus diesem Grunde der hier unternommene Versuch gerechtfertigt, eine für die Praxis der Rechtsmittelgerichte brauchbare Definition des Begriffs des Nachteils im Sinne der §§ 331, 358 Abs. 2, 373 Abs. 2 StPO zu finden.

Erster Teil

Der Begriff des Nachteils

Kapitel 1

Der Zweck der Verbotsvorschriften

Jede gesetzliche Vorschrift muß nach ihrem Zweck ausgelegt werden. Um die ratio der Verbotsvorschriften erkennen zu können, ist ein kurzer geschichtlicher Rückblick vonnöten.

Hier lassen sich zwei Abschnitte unterscheiden. Das Verbot der reformatio in peius entwickelte sich zunächst im Laufe des 17. Jahrhunderts, als die in der Constitutio Criminalis Carolina von 1532 für besonders schwierige Fälle vorgesehene Aktenversendung an die juristischen Fakultäten der Universitäten zum regelmäßigen Verfahren in Strafsachen wurde. Dabei nahm die Gepflogenheit der Gerichte überhand, freisprechende Gutachten aus den Akten wieder fortzunehmen und ein neus Gutachten von einer anderen Fakultät einzuholen. Um dieser „völligen Preisgabe des Angeklagten an den untersuchenden Richter"[6]) zu steuern, stellte Thomasius im Jahre 1709 den Satz von der Unabänderlichkeit eines freisprechenden Urteils auf. Im Anschluß daran entwickelte sich — vor allem an der Hallenser Juristenfakultät — das Verbot der reformatio in peius auf der Grundlage der damaligen Lehre von der Rechtskraft.

Schon gegen Ende des 18. Jahrhunderts wandelte sich die Auffassung über die Rechtskraft von Strafurteilen. Man sah sie alsbald in der Unabänderlichkeit aller, also nicht nur der freisprechenden Urteile nach Ablauf bestimmter Fristen. Damit mußte naturgemäß auch die bisherige Begründung für das Verbot der Schlechterstellung fallen. So kam Kleinschrod[7]) im Jahre 1800 zur modernen Rechtskraftlehre. Sie ließ für die zweite Instanz nur das Ergebnis der neuen Hauptverhandlung entscheiden. Damit erklärte sie aber auch die reformatio in peius rechts-

---

[6]) Sprengel 11ff. in ausführlicher Darstellung und mit weiteren Nachweisen; vgl. auch Lauckner 38 bis 49; Thode 53 bis 59; Gerber 100 bis 134; v. Lilienthal HRL 315f.; Silber 19.

[7]) Kleinschrod, Über die Rechtskraft peinlicher Urteile im Archiv des Criminalrechts Bd. 2, Halle 1800.

dogmatisch für zulässig. Die dogmatische Grundlage des Verbots war weggefallen.

Gefördert durch das Ideengut der französischen Revolution[8]) brach sich — als zweiter Abschnitt der Entwicklung — zu Anfang des 19. Jahrhunderts in der deutschen Strafrechtslehre der Gedanke Bahn, daß billigerweise ein Angeklagter auf sein eigenes Rechtsmittelwerben hin nicht schlechter gestellt werden dürfe, als er schon nach dem Urteil erster Instanz gestanden hatte. Um diesen Gedanken gesetzlich festzulegen, griff man auf das alte Verbot der reformatio in peius zurück und führte es nunmehr als strafpolitischen Grundsatz in viele Partikulargesetze ein[9]). Die alte Lehre von der relativen Rechtskraft freisprechender Urteile, von neuerer Auffassung längst als irrig erkannt, wirkte jedoch noch weiter, so daß hier und dort noch die Meinung vertreten wurde, auf ihr beruhe rechtsdogmatisch notwendig das Verbot, während doch gerade die einseitige Bindung des Rechtsmittelrichters eine Folge der Verbotsvorschriften ist[10]).

Kriminalpolitisch-humanitäre Erwägungen führten also dazu, das Verbot in die deutschen Partikulargesetze aufzunehmen[11]). Von dort aus übernahm es der Gesetzgeber in die Reichsstrafprozeßordnung von 1877[12]). Es ist deshalb mit Recht als beneficium, als Rechtswohltat be-

---

[8]) A. A. Norden ZStW 29, 782f.; Pabst 17; Thode 55, die das Verbot aus dem französischen Recht ableiten wollen.

[9]) Sprengel 21 mit ausführlichen Nachweisen, Lauckner 41 bis 47.

[10]) Vgl. zu diesem hier nicht interessierenden Streit die eingehende Darstellung bei Sprengel 49ff.; ferner Lauckner 87f.; Seuffert 33 und 41; Norden 781; für die Schweiz Bernoulli 51 bis 54. Merckel GS 1853, 471 bis 475 versucht, das Verbot aus der Dispositionsmaxime im Berufungsverfahren abzuleiten; ebenso Lueder GS 1865, 474ff.; v. Schwarze GS 1862, 285 bis 290; Ortloff GS 1871, 339ff.; Kleinfeller 588ff.; Beling Schuldspruch 203f.; Norden 785ff.; v. Lilienthal HRL 316; dagegen mit Recht die jüngeren Schriftsteller wie v. Kries Rechtsmittel 112f.; Gerber 70 bis 100; Brachvogel ZStW 13, 208ff.; Schlayer ZStW 23, 725; v. Kries Lehrbuch 662; Silber 35 bis 46.

[11]) Vgl. auch Brachvogel ZStW 13, 207f.; Wilhelm Schmidt JR 1950, 193ff. (197).

[12]) Das Verbot hat dann, während die Emmingersche Justizreform es unverändert ließ, im Wandel der politischen Lage nach 1933 und 1945 ein wechselvolles Schicksal gehabt und ist leider Gegenstand rein politischen Streits geworden. Nach 1933 wurde es durch Artikel 1 Nr. 4 des Gesetzes zur Änderung von Vorschriften des Strafverfahrens und des Gerichtsverfassungsgesetzes vom 28. 6. 1935 (RGBl. I 844) abgeschafft und in eine Erlaubnis zur Schlechterstellung umgewandelt. Auch hier entstand wieder Streit über den Inhalt und Umfang dieser Erlaubnis, der aber für unsere Fragestellung unergiebig ist. Vgl. jedoch dazu Sauer 261ff.; Rudolf Lehmann JW 1936, 696ff., DJ 1935, 999ff. (1002); Schäfer DJ 1935, 991, DStR 1935, 247ff.; Siegert DStR 1935, 283ff.; Schwarz GS 1935, 244ff. (277), JW 1935, 3345ff., DJZ 1935, 928, DJZ 1936, 209ff., DStR 1936, 24ff.; Schlüter JW 1935, 2329; Schaffstein DR 1935, 522; Schäfer-Lehmann-Dörffler, Die Novellen zum Strafrecht und Strafverfahrensrecht 1935, 65; Niethammer Ergänzungsband zu Löwe-R 19. Aufl. 95ff.; Wiers DJZ 1936, 172ff.; v. Gleispach 188; v. Hippel 563, 601, 622; Henkel 1943 S. 422; Haars und Rothe DJ 1933, 654f.; Dallinger SJZ

zeichnet worden, „die ausschließlich vom Gesetzgeber im Interesse des Angeklagten gegeben wurde"[13]). Es berücksichtigt als heute anerkannter Fundamentalsatz des deutschen Strafprozesses lediglich das Interesse des Angeklagten[14]) und soll ihm „den freien ungehemmten Gebrauch der Rechtsmittel sichern"[15]). Der Gesetzgeber ging dabei von der Erwägung aus, daß gerade ein Angeklagter, der sich schon im ersten Rechtszuge zu Unrecht verurteilt oder doch zu hart bestraft glaubt, im Falle der Zulässigkeit einer Schlechterstellung aus Furcht vor höherer Strafe den Versuch unterlassen würde, durch Gebrauch eines Rechtsmittels seine Lage zu verbessern[16]). Diese Auffassung wird heute nirgends mehr bestritten[17]).

1950, 738. RG JW 1936, 736 Nr. 21 — 1 D 901/35 —; JW 1936, 737 Nr. 22 — 1 D 907/35 —; JW 1936, 736 Nr. 20 m. Anm. Lehmann — 3 D 931/35 —; HRR 1936 Nr. 582 — 3 D 945/35 —; Recht 1936 Nr. 4847 — 2 D 250/36 —; DJ 1936, 935 — 3 B 192/36 —; RGSt. 70, 212 (214) — 5 D 304/36 —; RGSt. 70, 229 (231/232) — 5 D 330/36 —; JW 1938, 175 Nr. 44 — 1 D 817/37 —; HRR 1940 Nr. 410 — 3 D 641/39 —; RGSt. 73, 400 — 3 D 781/39 —; OLG Dresden HRR 1936 Nr. 1404 — 2 O 122/35 —; OLG München Recht 1936 Nr. 3827 (v. 20. 12. 1935); HRR 1936 Nr. 938 — 2 Ss. 177/35 —; OLG Naumburg JW 1938, 1020 Nr. 18 — Ss. 263/37 —; HRR 1939 Nr. 1394 — Ss. 126/39 —. Der Zusammenbruch 1945 führte durch die alliierte Gesetzgebung zu einer Rechtszersplitterung. Der Aufsatz von Wilhelm Schmidt JR 1950, 193ff. gibt eine knappe, aber erschöpfende Darstellung dieses Wandels unter ausführlicher Angabe der Rechtslage in den Zonen und Ländern. Schmidt entkleidet (196) den Streit seines politischen Gewandes und führt ihn auf die rechtswissenschaftliche Grundlage zurück, dabei die Wiedereinführung des Verbots sowohl aus rechtsdogmatischen als auch aus rechtspolitischen Gründen bekämpfend. Vgl. ferner Eberhard Schmidt § 331 Anm. 1; Klefisch NJW 1951, 332f.; Herausgeber der SJZ 1948, 714; Pauli DRZ 1950, 483ff. (485); Niethammer DRZ 1949, 197; Müller DRZ 1947, 101; Kern 184; Dalcke 35. Aufl. zu § 331; OLG Gera RegBlThür. 1947 II, 43 — 1 Ss. 101/46 —; OLG Koblenz HESt. 2, 144 — Ss. 140/47 —; OLG Tübingen DRZ 1947, 101 m. Anm. Müller — Ss. 9/46 —; HESt. 2, 143 — Ss. 40/47 —; DRZ 1948, 180 — Ss. 62/47 —.

[13]) Pabst 17.

[14]) Wolf 10.

[15]) Wolf 4.

[16]) Wolf 4 und 18.

[17]) Vgl. Reimer 69f.: Das Verbot wahre die Entschlußfreiheit des Angeklagten für oder gegen die Einlegung eines Rechtsmittels; v. Beling JW 1925, 2332 zu Nr. 3: „. . . der Angeklagte soll nicht zu gewärtigen haben, daß er auf seinen Hilferuf hin aus dem Regen in die Traufe kommt"; derselbe JW 1925, 2785 zu Nr. 10: Die Furcht vor Schlechterstellung könnte den zu streng behandelten Angeklagten unbilligerweise davon abhalten, ein wohlbegründetes Rechtsmittel einzulegen; derselbe JW 1928, 2723 zu Nr. 23: Es gehe nicht an, „den Angeklagten auf seinen eigenen Hilferuf hin noch schlechter zu stellen"; Jonas JW 1925, 2816 zu Nr. 16: der Angeklagte, der auf das Verbot „vertraut" hat, dürfe nicht schlechter gestellt werden; derselbe JW 1929, 2776 zu Nr. 41: im „Vertrauen" auf das Verbot dürfe der Angeklagte seine Berufung bis zum Ende durchführen. „Es wäre gesetzwidrig, wollte man seine Entschließung beeinflussen durch die Befürchtung, die von ihm eingelegte Berufung könne letzten Endes zu seinem Nachteil ausschlagen". Der dort von Jonas mitgeteilte Fall bringt die ratio des Verbots besonders sinnfällig zum Ausdruck; vgl. weiter Skanzoni JW 1928, 2146 zu Nr. 34: „tiefwurzelndes

Das Reichsgericht [18]) nennt das Verbot ebenfalls ein „prozessuales Schutzrecht". Vollends verleiht der Bundesgerichtshof dem Zweck der Verbotsvorschriften deutlichen Ausdruck, wenn er ausführt[19]): „Der die Vorschrift (ergänze: des § 358 Abs. 2) beherrschende Grundgedanke ist, daß der Angeklagte bei seiner Entscheidung darüber, ob er von dem ihm zustehenden Rechtsmittel Gebrauch machen will, nicht durch die Besorgnis beeinträchtigt werden soll, es könne ihm durch die Einlegung des Rechtsmittels ein Nachteil in Gestalt härterer Bestrafung entstehen. Daß er damit rechnen mußte, er werde trotz Wegfalls einer Straftat (ergänze: bei Tatmehrheit), also trotz eines Teilerfolges des Rechtsmittels, dieselbe Gesamtstrafe erhalten, begründet keine solche seine Entschließungsfreiheit beeinträchtigende Besorgnis".

So klar sich diese ratio der Verbotsvorschriften im Laufe der Jahrzehnte herausgeschält hat und so allgemein sie anerkannt wird, so hat doch bisher niemand — mit Ausnahme der soeben wörtlich angeführten Entscheidung des Bundesgerichtshofes — aus ihr den zwingenden Schluß für die Rechtsfindung im Einzelfall gezogen.

Dieser lautet:

Wenn die Verbotsvorschriften das Vertrauen des Angeklagten auf den Fortbestand der im ersten Rechtszuge erkämpften Stellung schützen sollen, dann darf in zweiter Instanz dem Urteilsspruch nichts hinzugefügt werden, was der Angeklagte nur um deswillen erdulden müßte, weil er eben in einem Strafverfahren als Angeklagter vor Gericht steht.

Elementarverbot der reformatio in peius", das „unverrückbare Grundlage für den einseitigen, vertrauensvollen Rechtsmittelgang des Angeklagten bleiben" muß. — Der Gedanke des Vertrauensschutzes klingt ebenfalls an bei KMR 3. Aufl. § 331 Anm. 4b, wo KMR bei der Frage des Widerrufs der Strafaussetzung zur Bewährung in der Rechtsmittelinstanz darauf abstellen, ob dem Richter bisher nicht, wohl aber dem Angeklagten bekannte Umstände später auch dem Gericht zugänglich werden; in diesen Fällen müßte der Angeklagte von vornherein mit dem „Wirksamwerden" dieser Umstände rechnen, könnte also nicht auf den Fortbestand der einmal erstrittenen Strafaussetzung vertrauen. — Vgl. auch Dallinger-Lackner 1955 Note 23 vor § 55 JGG: „Die materielle Gerechtigkeit soll gegebenenfalls zugunsten des Angeklagten aus der Erwägung heraus zurücktreten, der Angeklagte könnte von der Einlegung eines ihm begründet erscheinenden Rechtsmittels abgehalten werden, wenn er im Falle des Mißerfolges mit einer höheren Strafe zu rechnen hätte". — Potrykus 4. Aufl. § 55 JGG Anm. 10 stellt bei der Vertauschung einer Jugendstrafe von unbestimmter Dauer mit einer Gefängnisstrafe bei abweichender Anwendung des § 105 JGG in der Berufungsinstanz ebenfalls darauf ab, ob der Angeklagte schon nach dem ersten Urteil mit einer gleich hohen Strafe rechnen mußte. — Vgl. ferner Gerber 146ff. (150/151); Silber 49f.; Henkel Lehrbuch 424; Kern 184; Eberhard Schmidt § 331 Anm. 2; Norden ZStW 22, 784f., der das Verbot allerdings ablehnt; Bernoulli 9, 54ff. — Für den Rechtszustand vor 1877 auch schon Merckel GS 1853, 470f.; ähnlich v. Schwarze GS 1857, 452f.; Arnold GS 1858, 214, 216; Humanitätsrücksichten nennt auch v. Schwarze GS 1862, 282 und 287, wenn er sie auch nicht als ausreichende Begründung für das Verbot ansieht; so auch Lueder GS 1865, 473f.

[18]) RGSt. 42, 422 (423) — III 420/09 —.

[19]) BGHSt. 7, 86 (87) — 5 StR 638/54 —; vgl. ferner BGHSt. 4, 157 (158) — 4 StR 90/53.

Negativ ausgedrückt bedeutet das:

Das Rechtsmittelgericht darf dagegen jede Unrechtsfolge verhängen, die den Angeklagten auch treffen würde, wenn gegen ihn gar kein Strafverfahren anhängig wäre oder wenn diese Unrechtsfolge in einem späteren, zweiten Strafverfahren doch noch gegen ihn ausgesprochen werden könnte[20]).

Endlich muß hier auch daran gedacht werden, daß die §§ 459, 460 in gewissen Fällen gestatten, einen an sich zum Urteil gehörigen, dort aber vom Richter unterlassenen Ausspruch nachzuholen. Wenn aber der Angeklagte damit rechnen muß, daß diese Teilentscheidungen ihn auch nachträglich treffen können, so kann er insoweit ohnehin nicht auf den Fortbestand der einmal erstrittenen Rechtsstellung vertrauen. Seine etwa vorhandene Furcht vor Verschlechterung seiner Lage ist insofern gegenstandslos, als sie ihn nicht davon abzuhalten braucht, das teilweise unvollständige Urteil mit einem Rechtsmittel anzugreifen.

Diese genannten Entscheidungen nach den §§ 459, 460, 462 ergehen nach Abschluß des Hauptverfahrens.

Man wird also sagen müssen:

Das Rechtsmittelgericht darf jede Unrechtsfolge verhängen, die den Angeklagten auch außerhalb dieses Hauptverfahrens treffen könnte.

Die Bedeutung dieser Erkenntnis leuchtet ein, wenn man daran denkt, daß die bei der Körperverletzung vorgesehene Buße zwar eine Unrechtsfolge im weitesten Sinne ist, daß sie der Verletzte aber auch als Schaden in einem bürgerlichen Rechtsstreit beitreiben kann.

Die aus der ratio gewonnene grundsätzliche Erkenntnis wird deshalb die weitere Erörterung als Leitmotiv begleiten und als letzter Prüfstein dafür dienen, ob die einzelnen Fälle richtig entschieden werden.

Kapitel 1a

Der Geltungsbereich des Verbots

Wenngleich nicht eigentlich zum hier aufgeworfenen Fragenkreis gehörig, muß doch der Geltungsbereich des Verbots der reformatio in peius wenigstens kurz umrissen werden, um die möglichen Fälle übersehen zu können, in denen um den „Nachteil“ gestritten werden kann.

A.

I.

Nach der Stellung der Verbotsvorschriften in ihren verschiedenen Abschnitten läßt sich sagen: das Verbot gilt in allen Fällen der Wiederaufnahme eines durch rechtskräftiges Urteil abgeschlossenen Verfahrens zugunsten des Verurteilten.

---

[20]) Vgl. dazu die Beispiele unten Seite 99, 103, 104 f., 109.

Es gilt bei der Berufung[21]) im Falle des § 328 Abs. 1, wenn also das Berufungsgericht in der Sache selbst entscheidet; so wird dieses Rechtsmittel im Regelfall erledigt.

Es gilt endlich im Regelfalle der Erledigung der Revision (§§ 358 Abs. 1, 354 Absätze 2 und 3), in dem die Sache nach Aufhebung des früheren Urteils vom Revisionsgericht zur anderweitigen Verhandlung und Entscheidung zurückverwiesen wird[22]).

Insoweit bestand nie Streit.

II.

Anders dagegen in den anderen möglichen Verfahrenslagen bei Berufung und Revision.

Verweist das Berufungsgericht nach § 328 Absätze 2 und 3 die Sache nach Aufhebung des ersten Urteils an das erstinstanzliche Gericht (§ 328 Abs. 2) oder an das zuständige Gericht (§ 328 Abs. 3), oder entscheidet das Revisionsgericht gemäß § 354 Abs. 1 in der Sache selbst, so soll nach Kleinfeller[23]), Keber[24]) und v. Kries[25]) der Angeklagte schlechter gestellt werden dürfen. Demgegenüber traten die herrschende Lehre[26]) und die Rechtsprechung[27]) von jeher für den Schutz des An-

---

[21]) Ist die Berufung der Staatsanwaltschaft von deren Sitzungsvertreter nicht ausdrücklich zurückgenommen, sondern nur schlechthin Verwerfung der Berufungen beantragt worden, so gilt das Verschlechterungsverbot nicht, weil der Angeklagte hier nicht des Schutzes bedarf; vgl. OLG Hamburg NJW 1953, 1726 Nr. 33 — Ss. 64/53 —.

[22]) Hat der Erstrichter einen wegen Vergehens in Tateinheit mit Übertretung angeklagten Täter nur wegen der — verjährten — Übertretung verurteilt, weil er das Vergehen für nicht nachweisbar hielt, so darf nach Aufhebung und Zurückverweisung der Sache durch das Revisionsgericht unter Beachtung des § 358 Abs. 2 wegen Vergehens verurteilt werden; OLG Hamm JMinBl. NRW 1953, 213 Nr. 5.

[23]) Kleinfeller 604f.

[24]) Keber 94 für § 354 Abs. 1.

[25]) v. Kries Rechtsmittel 117.

[26]) Eberhard Schmidt § 331 Anm. 5 (für § 328 Abs. 3), Anm. 7 (für § 328 Abs. 2); Löwe-R 20. Aufl. § 354 Anm. 1; Puchelt § 372 Anm. 4; Thilo § 372 Anm. 3; Stenglein § 372 Anm. 2; Bennecke 748 Note 24; Bennecke-Beling 577f.; Daude 1912 zu § 372 (für die Berufung); Feisenberger § 331 Anm. 2, § 354 Anm. 2; Doerr zu § 331; v. Lilienthal HRL 317; Geyer 814 unter VI; Beling Lehrbuch 340 (für § 354 Abs. 1); Birkmeyer 726; Gerland 430 (für § 354 Abs. 1); Lauckner 81 bis 83; Hipp 17 (für § 328 Abs. 3), 32 (für § 354 Abs. 1); Lohsing 104f. (für § 328 Abs. 2 u. 3); Pabst 11; Sprengel 25 u. 28; Haas 30f.; Wolf 37; Thode 15 bis 19, 51; Groß 33; Gerber 6 bis 8, aber auch 46; Brachvogel ZStW 13, 222; Traut GS 1899, 356; Winter Recht 1906, 852 (für § 328 Abs. 3); Oetker GS 1905, 447 mit Note 1 hält, von seinem Standpunkt aus folgerichtig, die Verweisung an das zuständige Gericht selbst für unzulässig, sofern sie die nach seiner Meinung verbotene schwerere Qualifizierung des Delikts durch den Berufungsrichter voraussetzt; er verweist auf Binding Grundriß 5. Aufl. 263; ähnlich Keller 1878 § 372 Anm. 2g; die Verweisung selbst ist nach richtiger Ansicht jedoch keine reformatio in peius, so KMR 3. Aufl. § 331 Anm. 2; Erbs § 331 Anm. VI; Schwarz 18. Aufl. § 331 Anm. 1. Bei günstiger Wiederaufnahme bindet § 373 Abs. 2 das Gericht, an das nunmehr zu anderweiter

geklagten auch bei diesen Verfahrenslagen ein. Mit Recht; denn es besteht kein Grund, die selteneren Verfahrenslagen anders als die Regelfälle zu behandeln. Zudem kann der Angeklagte selbst nicht voraussehen, ob es beim regelmäßigen Verlauf der Rechtsmittelverfahren bleibt, oder ob infolge besonderer Fehlerquellen im angefochtenen Urteil eine besondere Prozeßsituation eintritt. Hier muß daher sein Vertrauen auf den Fortbestand des Ersturteils ebenso geschützt werden.

III.

Die zuletzt bezogene ratio der Verbotsvorschriften trifft aber auch für das Beschwerdeverfahren zu.

Der Zulässigkeit einer Schlechterstellung reden hier Rosenfeld[28]), Schultzenstein[29]), Gerber[30]), Sprengel[31]), Pabst[32]) und Haas[33]) das Wort. Sie stützen sich im wesentlichen auf formale Gründe und sehen im Schweigen des Gesetzes bei diesem dritten ordentlichen Rechtsmittel den Beweis für einen gegen das Verbot gerichteten Willen des Gesetzgebers.

Demgegenüber hat schon Lauckner[34]) darauf hingewiesen, daß der Zweck des Verbots bei der Beschwerde genauso zutreffe wie bei Berufung und Revision. Wolf[35]) versucht zutreffend einen Schluß von der Regel auf die Ausnahme und meint, daß man „überhaupt das Bestehen des Verbots der reformatio in peius für den ganzen Strafprozeß als grundlegendes Prinzip leugnen und dieses Verbot nur als singuläre, von Fall zu Fall geltende Ausnahme betrachten" müsse, um den Schluß ziehen zu können, daß die reformatio in peius bei der Beschwerde zulässig sei,

---

Verhandlung zurückverwiesen wird, auch dann, wenn das aufgehobene Urteil nicht nur auf ein Rechtsmittel des Angeklagten ergangen war, so richtig Neumann System 192; Rintelen 1891 S. 328.

[27]) RG RGSt. 8, 307 — I 427/83 —; RGSt. 9, 324 (330) — III 2174/83 —; JW 1894, 168 Nr. 9 — I 4559/93 —; RGSt. 25, 397 (399) — I 1300/94 —; Recht 1914 Nr. 722 — V 962/13 —; RGSt. 52, 97 (99) — III 71/18 — setzt das für § 354 Abs. 1 stillschweigend voraus; HRR 1927 Nr. 994 — 1 D 182/27 —; GA 74, 69 — 2 D 139/29 —; DRiZ 1935, 376 Nr. 374 — 1 D 1089/34; OGHBrZ OGHSt. 1, 249 (251) — StS 70/48; für § 328 Absätze 2 u. 3 vgl. auch Allg.Verw. Verfgg. des OLG-Präsidenten zu Breslau v. 2. 2. 1932 in JW 1932, 1790 (1798). In welchen Fällen das Revisionsgericht in der Sache selbst entscheiden konnte, war streitig, vgl. z. B. OLG Dresden 1 OSt. 128/27 und 2 OSta 64/27 in JW 1928, 432 Nr. 24 I u. II mit ablehnender Anmerkung Alfred Weber, der Zitate aus der Rechtsprechung des RG bringt; ferner OLG Breslau HöchstRR 1925, 90 — 18a S 562/24 —; OLG Hamm HöchstRR 1926, 29 — S 44/25 —; BayObLG MDR 1952, 378 Nr. 248 — III 677/51.

[28]) Rosenfeld Reichsstrafprozeß 1901 S. 366.

[29]) Schultzenstein 16, der aber (19f.) die reformatio in peius grundsätzlich für zulässig hält.

[30]) Gerber 2.

[31]) Sprengel 24.

[32]) Pabst 7.

[33]) Haas 22ff.

[34]) Lauckner 20 bis 22; ferner Lohsing 1, 2, 18.

[35]) Wolf 39f.

„da sie das Gesetz nicht ausdrücklich verbietet". Das Verbot der Schlechterstellung sei aber als „Grundprinzip des Strafprozesses ... allgemein anerkannt"[36]).

Die Entscheidung hängt davon ab, wie man sich grundsätzlich zum Verbot stellt. Sieht man mit herrschender Lehre und Rechtsprechung das Verbot als Fundamentalsatz unseres Strafverfahrens an, so muß man es auch bei der Beschwerde gelten lassen.

Ein einzelner Grund sei noch angeführt.

Ließe man die Schlechterstellung des Angeklagten im Beschwerdeverfahren zu, so hinge es bei der heutigen Praxis der Gerichte in der Gesamtstrafenbildung häufig vom Zufall ab, ob der Angeklagte des Schutzes teilhaftig würde, den ihm das Verbot gewähren soll; denn die Gerichte erledigen eine große Anzahl von Fällen der Gesamtstrafenbildung im Beschluß- und Beschwerdeverfahren nach den §§ 460, 462. Kann daher der Richter seiner Pflicht, die Verhandlung der mehreren Taten zu verbinden und im Urteil auf eine Gesamtstrafe zu erkennen, nicht folgen, so sähe sich der Angeklagte im Beschlußverfahren der Gefahr einer Schlechterstellung gegenüber. Seine seelische Lage, der das Verbot Rechnung trägt, ist aber hier keine andere, als wenn er die Gesamtstrafenbildung als Urteilsglied angegriffen hätte[37]).

IV.

Der Zweck des Verbots löst auch die gleichgelagerte Streitfrage um § 389. Hat die Staatsanwaltschaft nach Einstellung des Privatklageverfahrens die öffentliche Klage erhoben, so ist das nunmehr erkennende Gericht an ein im Privatklageverfahren ergangenes Urteil im Sinne der Verbotsvorschriften gebunden[38]).

V.

War der Angeklagte vom Schöffengericht mit drei, von der Strafkammer auf seine alleinige Berufung hin mit zwei Monaten Gefängnis bestraft worden und hatte seine weiter eingelegte Revision die Aufhebung des Strafkammerurteils zur Folge, so war streitig, ob die Kammer in ihrer zweiten Hauptverhandlung die Berufung des Angeklagten gemäß

---

[36]) Wolf 39; vgl. ferner für Geltung des Verbots Beling Lehrbuch 340; Groß 57; Körner bezeichnet JW 1929, 2992 den § 358 Abs. 2 als Ausdruck eines allgemeinen Grundsatzes (in einer Besprechung des Kommentars von Löwe-Rosenberg).

[37]) So für den Fall nachträglicher Gesamtstrafenbildung LG Zweibrücken NJW 1954, 934 Nr. 29 — LsNs. 16/52 —; ähnlich BayObLGSt. 1955, 122 (124) — 3 St. 105/55 —.

[38]) RGSt. 9, 324 — III 2174/83 —; RGSt. 8, 308 — I 427/83 —; RGSt. 42, 422 (423) — III 420/09 —; RG GA 50, 131 — 3 D 5651/02 —; Löwe-R 20. Aufl. § 331 Anm. 5; Daude 1912 zu § 372; Sprengel 28; Pabst 11f.; Thode 19; Haas 33f.; Gerber 47; Silber 79f.; a. A. KG GA 45, 61 — S 1147/97 —.

§ 329 Abs. 1 sofort verwerfen darf, wenn der Angeklagte oder sein Vertreter ohne genügende Entschuldigung der zweiten Hauptverhandlung fern bleibt.

Während das Oberlandesgericht Dresden[39]) das bejahte und damit das Urteil des Schöffengerichts mit seiner höheren Strafe wiederherstellte, hat das Reichsgericht[40]) zutreffend ausgeführt, daß sich § 329 Abs. 1 als eng auszulegende Ausnahmevorschrift nur auf den Beginn der Hauptverhandlung dem Berufungsgericht beziehe, dagegen nicht mehr angewendet werden dürfe, wenn das Berufungsgericht nach Aufhebung seines früheren Urteils und Zurückverweisung der Sache zum zweiten Male verhandele. Das Reichsgericht hat zwar letztlich seine Meinung nicht auf das Verschlechterungsverbot gestützt. Dessen Zweck trifft aber auch diesen Fall; denn der Angeklagte hat in der ersten Berufungsverhandlung eine Rechtsstellung erstritten, auf deren Fortbestand er vertrauen durfte[41]).

VI.

Die Rechtsmittelfiktion des § 357 bewirkt, daß das Verbot auch diejenigen Angeklagten schützt, die sich selbst mit dem Erkenntnis der ersten Instanz zufrieden gegeben haben[42]). Zwar verlangt das der Zweck der Verbotsvorschriften nicht unbedingt, weil hier die Entschlußfreiheit der Angeklagten nicht beeinträchtigt werden konnte. Man wird es aber um deswillen gelten lassen müssen, weil einmal der Wortlaut der Verbotsnormen kraft der Fiktion des § 357 zutrifft, weil es aber auch unbillig wäre, einen nichtsahnenden Angeklagten schärfer zu bestrafen.

VII.

Hat das Revisionsgericht ein Verfahren wegen Fehlens von Verfahrensvoraussetzungen eingestellt und erhebt die Staatsanwaltschaft wegen derselben Tat neue Anklage, so sollen nach einem Urteil des Kammergerichts[43]) die verurteilenden Erkenntnisse des früheren Verfahrens im neuen Verfahren keine Wirkungen im Sinne des Verschlechterungsverbots äußern können, weil die Strafprozeßordnung das Verbot nicht allgemein, sondern nur in den drei Fällen der §§ 331, 358 Abs. 2, 373 Abs. 2 kenne. Dem wird man in dieser Allgemeinheit nicht folgen können, weil die

---

[39]) OLG Dresden JW 1927, 2080 Nr. 38 — 1 OSt. 61/27 — m. abl. Anm. Mamroth; wie OLG Dresden Mumm ZStW 1902, 722f.

[40]) RG JW 1931, 1603 Nr. 59 — 2 D 896/30 — m. zust. Anm. Oppenheimer; ferner Löwe-R 20. Aufl. § 358 Anm. 6; OLG Rostock HöchstRR 1927, 215 — II Bo 357/27—; mit anderer Begründung KG DJZ 1907, 1325 — 1 S 569/07 —.

[41]) So im Ergebnis auch Oppenheimer JW 1931, 1603 zu Nr. 59.

[42]) Löwe-R 20. Aufl. § 358 Anm. 6, § 357 Anm. 7; Oetker in JW 1931, 2525 zu Nr. 19.

[43]) KG HRR 1931 Nr. 1499 — 1 S 232/31 — (leider sehr kurz und ohne Sachverhalt abgedruckt).

Begründung des Kammergerichts zu positivistisch ist, als daß sie befriedigen könnte. Da wir den Verbotsvorschriften keinen Ausnahmecharakter zubilligen, sondern sie als — wenn auch unvollkommenen — Ausdruck ganz grundsätzlicher humanitärer Anschauungen des Gesetzgebers betrachten, müssen wir sie an sich auch bei dieser Verfahrenslage gelten lassen. Zur richtigen Lösung müssen wir zwei Fallgruppen unterscheiden.

1. Schließt das Einstellungsurteil gemäß § 260 Abs. 3 das Hauptverfahren so ab, daß auch eine neue Anklage nicht mehr erhoben werden darf, so wird das Verbot bei richtiger Sachbehandlung nicht mehr praktisch; es gilt aber, wenn irrigerweise ein neues Verfahren durchgeführt wird.

2. Darf der Angeklagte dagegen wegen der besonderen Lage des Falles nochmals vor Gericht gestellt werden, so muß wiederum unterschieden werden:

a) Bleibt die Tat in allen Einzelheiten dieselbe, so greift das Verbot ein. Diese Lage könnte zum Beispiel eintreten, wenn das Revisionsgericht wegen fehlenden Strafantrages eingestellt hat, wenn aber dieser Strafantrag noch innerhalb der Antragsfrist nachgeholt wird. Hier hat das nunmehr tätig werdende Erstgericht denselben Sachverhalt vor sich wie das Erstgericht im früheren Verfahren, da der Richter damals irrig davon ausgegangen war, der Strafantrag sei rechtzeitig gestellt worden. Hätte der Angeklagte sich bei jenem ersten Urteil beruhigt, wäre die Einstellung und damit die neue Anklage nicht möglich gewesen. Es wäre deshalb unbillig, ihn im neuen Verfahren härter zu strafen.

b) Ist jedoch der Sachverhalt, der den Gegenstand der neuen Anklage bildet, gegenüber dem des erstrichterlichen Erkenntnisses verändert, etwa in der Person des Verletzten, so gilt das Verschlechterungsverbot auch dann nicht, wenn dieser teilweise neue Sachverhalt mit dem alten tateinheitlich zusammentrifft.

Zu dieser wohl seltenen Lage ein Beispiel:

X beleidigt A und B in einem Zeitungsartikel. A stellt Strafantrag, B ist ins Ausland verreist. Der Einzelrichter verurteilt X wegen Beleidigung des A zu einer Geldstrafe von 100,— DM; die Berufungskammer stellt das Verfahren ein, weil A den Strafantrag einen Tag zu spät gestellt hatte. Nunmehr kehrt B von seiner Reise zurück und stellt seinerseits Strafantrag. In diesem neuen Verfahren ist das Gericht an das Urteil des Einzelrichters nicht gebunden, es kann X wegen der Beleidigung des B härter bestrafen als mit 100,— DM Geldstrafe. Der Grund ist darin zu finden, daß der Angeklagte X hier damit rechnen mußte, wegen der Beleidigung des B, die nicht Gegenstand des früheren Strafverfahrens war, noch zur Rechenschaft gezogen zu werden. Dabei läßt es sich denken, daß die Beleidigung des B sachlich schwerer wiegt und härter bestraft werden muß als die des A, etwa weil der Angeklagte ihn aus persönlichen Gründen mit der herabsetzenden Äußerung härter treffen konnte und wollte. Dem muß aber das neue Urteil Rechnung tragen können.

VIII.

Verweist das Berufungsgericht in der Hauptverhandlung, die auf alleinige Berufung des Angeklagten stattfindet, die Sache zuständigkeitshalber an ein Sondergericht, so hält das Reichsgericht[44]) eine Schlechterstellung des Angeklagten für zulässig, weil das Sondergericht — in jenem Falle der Staatsgerichtshof — kein ordentliches Gericht und damit die Einheitlichkeit des Verfahrens nicht gewahrt sei. Nur in einem einheitlichen Strafverfahren gelte aber das Verschlechterungsverbot. Hinzu komme noch, daß selbst bei Rechtskraft des erstinstanzlichen Urteils des Schöffengerichts nach ständiger Rechtsprechung des Reichsgerichts[45]) die Strafklage nicht völlig verbraucht worden wäre, der Angeklagte also wegen der vor das Sondergericht gehörenden Straftaten erneut hätte angeklagt werden können. Denn der Verbrauch der Strafklage trete nur insoweit ein, als das erkennende Gericht die rechtliche Möglichkeit habe, die strafbare Handlung zum Gegenstand der Strafverfolgung zu machen[45]).

Es mag hier dahinstehen, ob diese letztere Ansicht richtig ist. Von ihr aus ist es zulässig, den Angeklagten härter zu strafen, da er sich der härteren Bestrafung auch außerhalb dieses Hauptverfahrens nach erneuter Anklage gegenüber sehen würde.

Grundsätzlich wird man aber gegen die Lösung des Reichsgerichts Bedenken anmelden müssen. Auch hier wird ein Rechtsfehler der Strafverfolgungsbehörde oder des erstinstanzlichen Gerichts auf dem Rücken des Angeklagten ausgetragen. Richtigerweise hätte sich bereits das Schöffengericht für unzuständig erklären müssen. Der Sinn des Verbots der reformatio in peius ergreift also auch das Verfahren vor dem Sondergericht.

IX.

Im Verfahren bei Strafbefehlen und Strafverfügungen ist das Gericht gemäß §§ 411 Abs. 3, 413 Abs. 4 an den im Strafbefehl oder der Strafverfügung enthaltenen Ausspruch nicht gebunden. Daraus folgert die herrschende Meinung mit Recht, daß hier das Verbot der Schlechterstellung nicht gilt; denn in diesen summarischen Verfahrensarten hat der Angeklagte gar keine Gelegenheit gehabt, sich eine schutzwürdige Rechtsstellung zu erstreiten[46]).

---

[44]) RG HRR 1925 Nr. 1487 — 14a J 307/24 —; ebenso Feisenberger § 331 Anm. 4.

[45]) Das RG zitiert a. a. O. dafür RGSt. 56, 161 m. w. Nw.

[46]) Dazu früher OLG Dresden SächsArch. 1911, 109 (v. 28. 4. 1909); Henkel Lehrbuch 424 Fußnote 14, 461. Das Verbot gilt auch nicht, wenn der Ehemann Einspruch eingelegt hatte, OLG Dresden JW 1929, 1076 Nr. 25 m. zust. Anm.

X.

Hatte das Erstgericht gegen den vom Erscheinen in der Hauptverhandlung entbundenen Angeklagten auf eine in diesem Verfahren unzulässige Strafe erkannt, so darf das Rechtsmittelgericht trotz des Verschlechterungsverbots diese Strafe aufrechterhalten, wenn der Angeklagte nunmehr anwesend ist[47]).

B.

I.

Auf einer anderen Ebene liegt der von den Einzeldarstellungen meistens in diesem Zusammenhang behandelte Fall, daß nicht nur der Angeklagte, sondern auch die Staatsanwaltschaft zu seinen Ungunsten ein Rechtsmittel eingelegt hat, das auf das Strafmaß beschränkte Rechtsmittel der Staatsanwaltschaft jedoch verworfen wird. Da hier das Gericht dem Anfechtungsbegehren der Anklagebehörde den Erfolg versagt, muß das Verbot der reformatio in peius wieder eingreifen[48]). Es fällt zwar auf, daß das Rechtsmittel der Staatsanwaltschaft trotz § 301 in zwei Teile zerlegt wird. Die beiden Urteile des Reichsgerichts gehen aber nun einmal davon aus.

Unger — 2 OSt. 221/28 —. Der von Kirchberger ZStW 1911, 120ff. mitgeteilte eigenartige Fall kann heute nicht mehr auftreten, weil es keine polizeilichen Strafverfügungen mehr gibt. Das RG LZ 1915, 1602 Nr. 14 — III 379/15 — wendete die genannten Vorschriften auf den Antrag auf gerichtliche Entscheidung gegen Strafbescheide einer Verwaltungsbehörde entsprechend an.

Hat das Amtsgericht einen Ordnungsstrafbescheid der Preisbehörde nach sachlicher Prüfung ermäßigt, obwohl der Antrag auf gerichtliche Entscheidung verspätet gestellt war, so will das OLG Hamm MDR 1950, 439 Nr. 249 — 2 Ws 3/50 — den ermäßigten Betrag deshalb aufrechterhalten, weil eine Verwerfung des Antrags nunmehr das Verschlechterungsverbot verletzen würde. Das kann nicht richtig sein, weil dieses Verbot gegenüber einem förmlich rechtskräftigen Strafbescheid nicht gilt, auch nicht zu gelten braucht, weil der zeitliche Bereich für die Entschließungsfreiheit des Beschwerdeführers schon abgelaufen war.

[47]) KG DJZ 1914, 758 — 1 S 70/14 —; Schmidt DStrZ 1920, 304.

[48]) RG JW 1927, 2716 Nr. 41 m. Anm. Stern — 1 D 348/27 —; RG JW 1931, 198 Nr. 6 m. Anm. Doerr — 4 D 108/30 —; Löwe-R 20. Aufl. § 358 Anm. 7; Puchelt § 398 Anm. 3; Stenglein § 398 Anm. 6; v. Lilienthal HRL 317; Geyer 835; Lauckner 78f.; Thode 12; Lohsing 109; Haas 27f.; Wolf 29; einschränkend auf das als unzulässig verworfene Rechtsmittel der Staatsanwaltschaft Kleinfeller 606f. und Thode 12. Jedoch: „Beantragt der Staatsanwalt in der Berufungsverhandlung dieselbe Strafe wie die im ersten Rechtszug erkannte, so nimmt er damit seine Berufung nicht zurück." Infolgedessen gilt das Verbot nicht, BayObLGSt. 1949/51, 384 — III 72/51 —; vgl. auch RG DJZ 1926, 1710 — III 63/26 —. „In einem auf Antrag des Angeklagten angeordneten Wiederaufnahmeverfahren darf das frühere Urteil in Art und Höhe der Strafe nicht zu seinem Nachteil geändert werden, auch wenn in diesem Verfahren die Staatsanwaltschaft ein Rechtsmittel einlegt." BGH LM § 373 Nr. 1 — 2 StR 440/51 —.

II.

Hat der Angeklagte das Ersturteil ganz angefochten, die Staatsanwaltschaft dagegen nur im Strafmaß, so darf das Rechtsmittelgericht die Strafe zwar erhöhen, muß sich aber dabei an den Strafrahmen desjenigen Gesetzes halten, das der Vorderrichter angewandt hatte, und zwar auch dann, wenn es den Angeklagten der Verletzung eines schwereren Gesetzes schuldig spricht, wie das Reichsgericht zutreffend entschieden hat[49]). Dieses Urteil wird dem Zweck der Verbotsvorschriften auf das schönste gerecht: der Angeklagte brauchte nur damit zu rechnen, daß die Strafe im Rahmen des Gesetzes erhöht wird, aus dem er bereits schuldig gesprochen war; denn nur soweit reichte das Rechtsmittel der Staatsanwaltschaft. Wenn er aus einem schwereren Gesetz schuldig gesprochen werden kann, so beruht das auf seinem eigenen Rechtsmittel, das auch den Schuldspruch des Erstrichters ergriffen hat. Das darf aber nicht dazu führen, daß er schlechter gestellt wird.

III.

1. Hat der Privatkläger ein Rechtsmittel ergriffen, weil der Angeklagte vom Verstoß gegen das Gesetz, das die Befugnis zur Privatklage gewährt, freigesprochen worden ist, so gilt das Verbot der reformatio in peius nicht, weil es an der für es maßgeblichen Verfahrenslage fehlt.

2. Man war sich aber nicht darüber einig, ob auf die Berufung des Nebenklägers die Strafe für eine mit dem Gegenstand der Nebenklage tateinheitlich zusammentreffende strafbare Handlung verschärft werden dürfe, die das Nebenklagerecht nicht gewährt.

Der zweite Senat des Reichsgerichts[50]) hatte zunächst den Standpunkt eingenommen, daß die Strafe nur aus dem Gesetz entnommen und auch verschärft werden dürfe, das dem Nebenkläger die Befugnis zum Anschluß gewährt, weil dessen Berufung das mit dem Nebenklagedelikt tateinheitlich zusammentreffende allgemeine Vergehen nicht ergreifen könne und es deshalb insoweit an einem wirksam zuungunsten des Angeklagten eingelegten Rechtsmittel gefehlt habe. Diese Ansicht hat der Senat jedoch später ausdrücklich aufgegeben[51]). Er beanstandet

---

[49]) RGSt. 25, 397 (398) — I 1300/94 —; — III 702/13 —, zitiert bei RG LZ 1916, 1385 Nr. 20 — IV 443/16 —; — II 207/28 —; RG JW 1928, 2723 Nr. 23 m. teilweise abl. Anm. Beling — III 406/28 —; — III 777/28 —; RG JW 1929, 1055 Nr. 63 m. zust. Anm. Mamroth — II 852/28 —; RG DRiZ Rspr. 1935, 376 Nr. 374 — I D 1089/34 — unter Hinweis auf die Sperrwirkung der Mindesstrafe des neu angewandten Gesetzes; ferner BayObLGSt. 1932, 79 — II 207/31 —; OLG Hamm NJW 1957, 1850 Nr. 24 — 1 Ss. 412/57 —; Eberhard Schmidt § 331 Anm. 6; Löwe-R 20. Aufl. § 331 Anm. 1b; KMR 3. Aufl. § 331 Anm. 1d; Schwarz 18. Aufl. § 331 Anm. 1; Niederreuther JW 1934, 2435; vgl. auch den freilich anders gelagerten Fall BayObLG JW 1930, 3431 Nr. 12 — I 204/30 —.

[50]) RGSt. 63, 66 (67) — II 734/28 —.

[51]) RG JW 1931, 1817 Nr. 29 m. abl. Anm. Oetker — II 819/30 —; darauf fußend RG HRR 1933 Nr. 265 — 2 D 987/32 —.

an seiner älteren Entscheidung, daß sie ein bloßes Feststellungsurteil in das Strafverfahren einführe, nämlich den bloßen Schuldspruch aus dem allgemeinen Delikt ohne entsprechenden Strafausspruch. Das aber widerspreche dem System des Strafverfahrens. Auch die Verbotsvorschriften zwängen nicht dazu, da sie nicht auf die Entscheidung über ein zuungunsten des Angeklagten eingelegtes Rechtsmittel gegen ein Urteil paßten, das eine Strafe nicht verhängt habe. Auch die vom Oberreichsanwalt vertretene vermittelnde Meinung sei nicht zu billigen, derzufolge die Strafe nur dem Strafrahmen des Nebenklagedelikts entnommen werden dürfe. Die durch das Verbot manchmal herbeigeführten strafrechtlichen Anomalien seien möglichst gering an Zahl zu halten.

Dem Reichsgericht ist beizupflichten. Das Verbot soll dem Angeklagten die Entschlußfreiheit hinsichtlich seiner eigenen Rechtsmittel erhalten. Es trifft nicht die Fälle, in denen der Nebenkläger ein Rechtsmittel zu seinen Ungunsten eingelegt hat. Die Meinung Oetkers[52]), daß die von dem Rechtsmittel des Nebenklägers nicht ergriffenen Urteilsbestandteile nicht mehr in lite seien und deshalb der Angeklagte aus dem allgemeinen Delikt weder schuldig gesprochen noch bestraft werden dürfe, verkennt, daß die einheitliche Handlung des Angeklagten in ihrer Gesamtheit Gegenstand des Rechtsmittelverfahrens ist, daß also alle Bestandteile des Ersturteils angegriffen waren. Fragen rechtlicher Würdigung können bei Tateinheit nicht als besondere Urteilsbestandteile ausgeschieden werden.

C.

Wenn in den folgenden Ausführungen die Rede von „Ersturteil" oder „Zweiturteil", vom „Erstrichter", „Zweitrichter" oder „Rechtsmittelrichter" sein wird, so sind damit alle diese Verfahrenslagen zusammengefaßt, weil die Begriffsbestimmung des „Nachteils" für alle dieselbe ist.

Ein Versuch, diese verschiedenen Verfahrenslagen in die Definition zu übernehmen, müßte aber zu deren Unübersichtlichkeit führen. Er entspricht auch nicht dem Thema dieser Arbeit, die sich nicht mit dem Geltungsbereich, sondern mit dem Inhalt des Verbots befaßt. Er unterbleibt daher.

Kapitel 2

Der Wortlaut der Verbotsvorschriften

So wertvoll der im ersten Kapitel erarbeitete Zweck des Gesetzes für die weitere Untersuchung ist, so engt er doch die möglichen Einzelfälle einer Benachteiligung des Angeklagten keineswegs so weit ein, daß aus ihm ohne weiteres und abschließend auf die einzelnen Merkmale des Nachteilsbegriffs geschlossen werden könnte. Im Gegenteil, die ratio der Vorschriften läßt es zu, sie sehr weit auszulegen. Sie verbietet — für

[52]) Oetker JW 1931, 1817 zu Nr. 29.

sich betrachtet — jede dem Angeklagten ungünstige Veränderung des Entscheidungstenors erster Instanz durch das Rechtsmittelgericht[53]), also eine Veränderung im Schuldspruch, in einer Haupt- oder Nebenstrafe, einer Sicherungsmaßregel, kurz: in jeder Unrechtsfolge.

Die ratio legis sagt auch nichts aus über den Charakter des „Nachteils", ob er zum Beispiel lediglich als materieller oder auch als ideeller, als rechtlicher oder tatsächlicher aufzufassen ist.

Hier muß der Wortlaut des Gesetzes helfen.

A.

I.

Der Sprachgebrauch des täglichen Lebens bietet den ersten allgemeinen Anhaltspunkt:

Nachteil ist die Minderung einer Rechts- und Lebensstellung.

II.

Der Nachteil im Sinne der Verbotsvorschriften trifft den Angeklagten auf Grund einer strafrechtlichen Entscheidung, im Regelfalle auf Grund eines Strafurteils.

Strafurteile greifen mit ihren Unrechtsfolgen in drei Rechtsgüter des Angeklagten ein, nämlich

1. in seine persönliche Freiheit im Sinne äußerer Bewegungs- und wirtschaftlicher Entfaltungsfreiheit (Betätigungsfreiheit). Das geschieht mit jeder Maßnahme, die diese Freiheit beseitigt — so jede Freiheitsstrafe oder freiheitsentziehende Maßregel — oder sie beeinträchtigt — so zum Beispiel die Entziehung der Fahrerlaubnis oder das Berufsverbot.

2. Das nächste Rechtsgut des Angeklagten, das von einer Unrechtsfolge getroffen werden kann, ist sein Vermögen, die Summe der geldwerten Lebensgüter, die seiner Herrschaftsgewalt unterstehen. Dieses Gut berührt zum Beispiel die Geldstrafe, aber auch die Kostenfolge der Verurteilung, des weiteren auch Unrechtsfolgen wie die Einziehung, der Wertersatz, die Anordnung, das Urteil auf Kosten des Angeklagten bekanntzumachen, und andere mehr.

3. Das dritte Rechtsgut ist die Ehre des Angeklagten im Sinne seiner Geltung in der Umwelt. Gemindert wird sie sowohl durch einige Strafen (Zuchthaus- und Gefängnisstrafen) als auch durch andere Unrechtsfolgen, wie zum Beispiel durch die Aberkennung der bürgerlichen Ehrenrechte oder der Fähigkeit, als Zeuge oder Sachverständiger eidlich vernommen zu werden[54]) oder ein öffentliches Amt zu bekleiden.

---

[53]) Und nur um einen Vergleich der beiden Entscheidungsformeln kann es sich handeln, da sie allein der Rechtskraft fähig sind und der Vollstreckung als Grundlage dienen.

[54]) Nach herrschender Meinung soll diese letztere Unrechtsfolge zwar in erster Linie die Rechtspflege vor Irreführung schützen. Dieser primäre Zweck des § 161 StGB beseitigt aber nicht die Lebenstatsache, daß es für jeden Staatsbürger ehrenmindernd wirkt, wenn er in einem Prozeß seine Eidesunfähigkeit offenbaren muß.

III.

Als erster Definitionsversuch mag also gelten:

„Nachteil im Sinne der reformatio in peius ist die Minderung der persönlichen Freiheit, des Vermögens oder der Ehre des Angeklagten."

B.

Aus diesem Versuch folgt aber bereits ein weiteres: der Nachteil kann materieller oder ideeller Natur sein.

Wie die Geldstrafe das Vermögen, so trifft die Freiheitsstrafe neben der Freiheit die Ehre des Angeklagten. Diese ist ein ideelles Rechtsgut. Dem ersten Versuch diene daher als weiteres Merkmal:

„Nachteil ... ist die materielle oder ideelle Minderung ..."

C.

Besinnen wir uns auf das im ersten Kapitel gefundene Abgrenzungsmerkmal, so muß dieser vorläufigen Begriffsbestimmung negativ hinzugefügt werden:

„Nachteil ... ist die ... Minderung ... des Angeklagten, soweit er sie nicht auch außerhalb dieses Hauptverfahrens erleiden müßte."

D.

Der Wortlaut des Gesetzes sagt, daß das Urteil den Angeklagten nach Art und Höhe der Strafe nicht schlechter stellen darf.

I.

Geht man von der im Strafgesetzbuch und in der Strafprozeßordnung im Regelfalle einheitlichen Fachsprache aus, so fallen unter den Begriff der Strafe die echten Strafen, nämlich Haupt- und Nebenstrafen.

Daß deren nachträgliche Verhängung oder Erhöhung unzulässig ist, war im Grundsatz nie streitig.

II.

Anders dagegen bei den Unrechtsfolgen, die vom Gesetz ausdrücklich als „Maßregel der Sicherung und Besserung" bezeichnet werden, und bei denjenigen, die ein Teil der Lehre und der Rechtsprechung als echte Nebenstrafen, andere aber als polizeiliche Sicherungsmaßnahmen ansehen, wenngleich das Strafgesetzbuch sie nicht im Abschnitt 1a des Ersten Teils nennt. Besonders aber stritt man von jeher darüber, ob auch die Veränderung der Kostenentscheidung zu Lasten des Angeklagten dem Verbot unterstehe.

Nach dem Wortlaut des Gesetzes, soweit er bisher betrachtet worden ist, fallen diese Unrechtsfolgen nicht unter das Verbot, weil sie keine Strafen im engeren Sinne sind. Andererseits werden sie aber sehr wohl von der ratio des Verbots erfaßt, da sie in die Persönlichkeitssphäre des Angeklagten eingreifen und ebenso schwer wiegen können wie echte Strafen[55]). Das erhellt ohne weiteres aus der Überlegung, daß die verschiedenen Unterbringungsarten (§§ 42a Ziffern 1 bis 3, 42b, 42c, 42d StGB) und die Sicherungsverwahrung (§§ 42a Ziffer 4, 42e StGB) äußerlich dem Angeklagten ebenso die Freiheit entziehen wie eine Zuchthaus- oder Gefängnisstrafe, wenn sie auch anderen Vollzugszwecken dienen.

Nun bringt § 331 in seinem Absatz 2, die §§ 358 Abs. 2 und 373 Abs. 2 in ihren Sätzen 2 wörtlich übereinstimmend eine negative Ergänzung des Verbots:

„Diese Vorschrift steht der Anordnung der Unterbringung in einer Heil- oder Pflegeanstalt, einer Trinkerheilanstalt oder einer Entziehungsanstalt nicht entgegen."

Damit werden diese Unrechtsfolgen vom Verbot der Schlechterstellung ausgenommen. Sie sind Maßregeln der Sicherung und Besserung (§ 42a Ziffern 1 und 2 StGB). Wenn das Gesetz sie aber ausdrücklich als Ausnahmen zu bezeichnen für nötig hält, so folgt daraus im Umkehrschluß, daß die reformatio in peius grundsätzlich auch bei Maßregeln der Sicherung und Besserung verboten sein soll[56]). Das muß um so mehr gelten, als die Formulierung des Gesetzes „... steht nicht entgegen" nahezu einer Fiktion gleichkommt, jedenfalls aber klar erkennen läßt, daß sich der Gesetzgeber über die nachteiligen Eigenschaften dieser Maßregeln selbst im klaren war.

Damit steht fest, daß Maßregeln der Sicherung und Besserung ebenso wie echte Strafen unter das Verbot fallen, und zwar grundsätzlich alle Maßregeln, soweit sie eben nicht durch jene ausdrückliche Ausnahmevorschrift als nicht nachteilig fingiert werden. Dabei kommt es nicht darauf an, ob sie im § 42a StGB oder im Besonderen Teil des Strafgesetzbuches genannt sind[57]), denn die Stellung der einzelnen Maßregel innerhalb der verschiedenen Abschnitte ist jeweils historisch aus den vielfachen Änderungen des Strafgesetzbuches zu erklären. Häufig war

---

[55]) Vgl. Sprengel 37; in anderem Zusammenhang Dreher ZStW 1953, 482, der das dualistische System der Unrechtsfolgen schlechthin bekämpft und einen einheitlichen, „mehrdimensionalen Strafbegriff" entwickeln will.

[56]) Unklar Henkel Lehrbuch 424 Fußnote 15, der nur die Sicherungsverwahrung dem Verbot unterstellt, sich andererseits aber auf diesen Umkehrschluß beruft; wie im Text schon Schäfer-Wagner-Schafheutle 113, 168, 271 ff.

[57]) A. A. Schäfer-Wagner-Schafheutle 272, die das aus dem vom Gesetzgeber gewollten beschränkenden Charakter des Gewohnheitsverbrechergesetzes zu folgern scheinen. Dem wird man kaum zustimmen können, da dieser beschränkende Charakter sich zwar aus der allgemeinen Zeitströmung, nicht aber aus dem Gesetz selbst ergibt.

man sich bei ihrer Einführung über ihre Rechtsnatur noch keineswegs im klaren, sondern überließ es bewußt Lehre und Rechtsprechung, diese Frage zu klären.

Es kommt deshalb im einzelnen Falle auch nicht darauf an, ob eine Unrechtsfolge zu den Strafen oder zu den Maßregeln gehört. Der oft leidige Streit um die Rechtsnatur spielt im Gebiete der reformatio in peius keine Rolle.

Es gilt vielmehr der Satz:

Dem Verschlechterungsverbot unterliegen alle Unrechtsfolgen ohne Rücksicht auf ihre Rechtsnatur.

Inwieweit dieser Grundsatz etwa an Hand der ratio legis berichtigt werden muß, soll später gezeigt werden. Schon hier sei aber bemerkt, daß dieses Ergebnis nicht überall befriedigt, weil es zum Beispiel auch für die Einziehung gelten würde, die ohne Rücksicht auf die Täterschaft des Angeklagten ausgesprochen werden darf, oder für die an den Verletzten zu zahlende Buße, die dieser gegen den Täter auch in einem Zivilrechtsstreit beitreiben könnte.

III.

Offengeblieben ist bisher, wie eine für den Angeklagten ungünstige Veränderung der Kostenentscheidung zu behandeln ist.

Zum Unterschied von den bisher genannten Unrechtsfolgen hat die Kostenentscheidung des Urteils ihre Grundlage nicht im materiellen Strafrecht, ist nicht gesetzliche Folge der Tat, sondern der Tatsache der Verurteilung, an die die Strafprozeßordnung in § 465 die Pflicht des Verurteilten knüpft, die Kosten des Verfahrens zu tragen.

Aus dem Wortlaut der Verbotsvorschriften läßt sich hier kein Schluß ziehen.

Es kann daher nur die ratio legis helfen. Sie zwingt dazu, das Verbot auch für die Kostenentscheidung gelten zu lassen; denn wenn der Angeklagte, etwa wegen dreier realkonkurrierender Taten angeklagt, vom Schöffengericht wegen zweier Taten verurteilt, wegen der dritten aber freigesprochen, jedoch mit der Kostenlast irrtümlich nur wegen einer Tat belegt worden ist, so vertraut er, wenn er mit der Berufung seine Verurteilung schlechthin angreift, auch darauf, daß ihm die Strafkammer nicht mehr Kosten auferlegt, als er nach dem Urteil des Schöffengerichtes tragen muß. Der Gesichtspunkt des Vertrauensschutzes deckt also auch diesen Teil des Urteils.

Das aus der ratio des Verbots gewonnene, im Kapitel 1 gezeigte Abgrenzungsmerkmal greift nicht ein: der Angeklagte bedarf des Schutzes nicht, wenn ihn der Nachteil auch außerhalb dieses Hauptverfahrens treffen könnte. Hier besteht aber keine anderweitige gesetzliche Vorschrift, kraft deren ihm die vom Schöffengericht irrtümlich nicht auferlegten Kosten wegen der zweiten Straftat doch noch aufgebürdet werden könnten.

IV.

Diesem Abschnitt kann also für unsere Definition als zweites negatives Merkmal entnommen werden:

„Nachteil ... ist die ... Minderung ..., jedoch mit Ausnahme der Verhängung oder Erhöhung einer der in § 331 Abs. 2 StPO genannten Maßregeln“[58]).

E.

Die Veränderung des Schuldspruches zuungunsten des Angeklagten mindert der Sache nach ebenfalls dessen Lebensstellung, da es für sein Ansehen in der menschlichen Gesellschaft keineswegs gleichgültig ist, ob er zum Beispiel als Dieb oder als Räuber, wegen versuchter oder wegen vollendeter Straftat oder wegen eines Vergehens oder wegen eines Verbrechens verurteilt wird. Die Besorgnis, rechtlich strenger beurteilt zu werden, kann den Angeklagten ebensogut davon abhalten, ein Rechtsmittel einzulegen, wie die Angst vor höherer Strafe[59]).

I.

Spricht der Zweck des Verbots auch dafür, die nachteilige Vertauschung des titulus condemnationis in das Verbot einzubeziehen, so deutet andererseits die nunmehr einheitliche Fassung „... nach Art und Höhe der Strafe ...“ darauf hin, daß der Gesetzgeber den Schuldspruch dem Verbot entziehen wollte. Diese Vermutung wird durch einen Blick auf die jüngste Änderung der Verbotsnormen zur Gewißheit.

Bis zum Jahre 1950 hatten diese keinen einheitlichen Wortlaut.

§ 331, der das Verbot für die Berufungsinstanz setzte, lautete bis zum September 1950 in dem hier wichtigen Punkte:

„War das Urteil nur von dem Angeklagten ... angefochten worden, so darf das Urteil nicht zum Nachteil des Angeklagten abgeändert werden.“

Demgegenüber bestimmten die §§ 358 Abs. 2 und 373 Abs. 2 für den Revisions- und Wiederaufnahmerichter, daß „das neue Urteil eine härtere Strafe als die in dem ersteren (früheren) erkannte nicht verhängen“ dürfe.

Dieser Unterschied im Wortlaut bedingte zwei Grundmeinungen.

Die in der Rechtslehre herrschende[60]), vom Reichsgericht[61]), dem

---

[58]) Dabei müssen wir jedoch stets im Auge behalten, daß auch diese Maßregeln sachlich Nachteile sind und nur kraft jener Fiktion in unserer Begriffsbestimmung als Ausnahme bezeichnet werden dürfen.

[59]) Ebenso Bernoulli 3.

[60]) Löwe-R 20. Aufl. § 331 Anm. 2; Schwarz 18. Aufl. § 331 Anm. 1; Feisenberger § 358 Anm. 5; Dalcke 2. Aufl. § 372 Anm. 2; Kohlrausch 1922 § 372 Anm. 2; Keller § 372 Anm. 1 und 3b; Daude § 372 Anm. 3; Hellweg § 372 Anm. 1; Doerr zu § 331; Thilo § 372 Anm. 3; Stenglein § 372 Anm. 3; Traub § 372 Anm. 1; Mamroth § 372 Anm. 2; v. Kries Lehrbuch 663; Gerland Strafprozeß 412f.; Dochow

Obersten Gerichtshof für die Britische Zone[62]), dem Kammergericht[63]), dem Bayerischen Obersten Landesgericht[64]) und den Oberlandesgerichten[65]) in ständiger Rechtsprechung vertretene Ansicht legte die Vorschriften als bloßes Strafschärfungsverbot aus. Diese Meinung schloß

Reichsstrafprozeß 309 Anm. 40; Geyer 813 Nr. 6; Birkmeyer 709 unter 2a; Henkel Lehrbuch 424 Fußnote 15; Bennecke 749 Nr. 4a; Rintelen 313; Rosenfeld Reichsstrafprozeß 1901 S. 365f.; Keber 107; Gerber 47 bis 49; Haas 38; Sprengel 32; Silber 56ff.; Süß 445 Anm. 35; Schlayer ZStW 23, 724f.; Norden ZStW 29, 720; Weber ZStW 40, 201; v. Schwarze HH 2, 285; Kirchberger ZStW 31, 120ff.; Traut GS 1899, 356f.; Oppler DStrZ 1917, 64; Neumann System 191; vgl. für die Schweiz Bernoulli 3, 31, 34 bis 37, dort Bericht über die der reichsgerichtlichen entsprechende Rechtsprechung in der Schweiz; schwankend v. Schwarze Kommentar zu § 372. Die Streitfrage ist alt: vgl. v. Schwarze GS 1853, 453ff. (berichtend über die Rechtsprechung vor 1877, die ebenfalls nur die reformatio in durius verbot), der sich selbst einer Veränderung des Schuldspruchs widersetzt; Seuffert 15.

[61]) RGSt. 3, 43 — 2 D 2725/80 —; RGSt. 5, 133 (136) — I 1944/81 —; RGSt. 9, 324 — III 2174/83 —; RGRspr. 8, 319 — III 830/86 —; JW 1891, 292 Nr. 8 — II 468/91 —; JW 1891, 380 Nr. 14 — IV 1184/91 —; GA 41, 389 (II. Senat v. 17. 10. 1893); RGSt. 25, 397 (399) — I 1300/94 —; JW 1900, 122 Nr. 6 — 2 D 3478/99 —; DJZ 1900, 322 Nr. 42 — IV 68/00 —; JW 1901, 503 Nr. 26 — III 133/01 —; Recht 1902, 400 (IV. Senat v. 17. 6. 1902); BayZ 1906, 438 (bei Böckel) — 3 D 971/05 —; GA 54, 421 — 3 D 118/07 — und Recht 1926 Nr. 2631 — I 444/26 — lassen im Zweiturteil die Vertauschung von Einzelakten einer fortgesetzten Handlung als Urteilsgrundlage zu; RGSt. 40, 411 — IV 715/07 —; RGSt. 44, 294 (295) — V 207/10 —; RGSt. 45, 62 (64) — III 302/11 —; RGSt. 47, 5 (11) — IV 971/12 —; RGSt. 49, 86 (88) — IV 1038/14 —; SächsArch. 1918, 75 (77) — 5 D 473/17 —; RGSt. 56, 119 (121) — I 1767/20 —; HRR 1925 Nr. 1189 — 1 D 120/25 —; RGSt. 59, 214 (220) — II 205/25 —; RGSt. 59, 291 (292) — II 166/25 —; RGSt. 59, 231 — II 211/25 —; JW 1925, 2785 Nr. 10 m. abl. Anm. Beling — 1 D 252/25 —; BayZ 1926, 191 — 1 D 422/25 —; HRR 1926 Nr. 1798 (LS) — 2 D 569/26 —; RGSt. 60, 380 (381) — I 617/26 —; RGSt. 62, 96 (97) — I 1023/27 —; Recht 1928, 335 Nr. 1478 — I 1201/27 —; JW 1928, 2723 Nr. 23 m. abl. Anm. Beling — III 406/28 —; RGSt. 62, 401 m. zust. Anm. Mamroth JW 1929, 1055 zu Nr. 63 — II 852/28 —; HRR 1931 Nr. 173 — 2 D 1035/29 —; RGSt. 64, 349 (352) — I 322/30 —; RGSt. 65, 60 (63) — II 819/30 —; RGSt. 67, 215 (217) — I 1418/32 —; RGSt. 68, 70 (73) — 2 D 1293/33 —; RGSt. 68, 201 (204) — 3 D 530/34 —; DRiZ 1935 Rspr. 376 Nr. 374 — 1 D 1089/34 —.

[62]) OGHSt. 1, 30 (33) — StS 4/48 —; 1, 19 (25) — StS 5/48 —; StS 18/48 und StS 26/48, zitiert nach Lüttger DRZ 1950, 348 Fußnote 11; OGHSt. 1, 134 (138) — StS 73/48 —.

[63]) KG GA 69, 450 — 2 S 645/24 —; DJZ 1928 B, 161 — 2 S 238/28 —.

[64]) BayObLGSt. 1904, 76 (78) (v. 4. 11. 1902); 1905, 336 (341) (v. 3. 5. 1904); 1916, 108 — Rev.Reg. 154/15 —; BayZ 1916, 74 — Rev.Reg. 274/15 —; 1917, 260 (261) — Rev.Reg. 86/17 —; JW 1931, 1620 Nr. 3 m. zust. Anm. Staedler — I 375/30 —; BayObLGSt. 1932, 10 (13) — II 699/30 —; 1949/51, 369 (371) — III 105/51 —; 1952, 31 (32) — III 912/51 —; 1952, 112 (114) — 2 St. 40/52 —; 1955, 160 (165) — 2 St. 293/55 —.

[65]) OLG Dresden SächsArch. 1911, 370 — III 46/09 —; Frankfurt a. M. WarnJahrb. 1913, 192 (v. 19. 10. 1911); Gera NJW 1947/48, 499 Nr. 766 (LS); Hamm JMinBl. NRW 1953, 213 (214) — 2 Ss. 955/52 —; Kiel SchlHA 1907, 320 (v. 21. 6. 1906); Oldenburg JZ 1955, 510 — Ss. 199/54 —; lesenswert ferner LG Bonn MDR 1947, 36 Nr. 15 — 3 Ns. 3/47 —, das eine Schuldspruchveränderung jedenfalls dann nicht als Nachteil ansieht, wenn der neu angewandte Strafrahmen eine geringere Mindeststrafe hat.

dabei von dem Wortlaut der im Entwurf der Reichsstrafprozeßordnung älteren Normen der §§ 358 Abs. 2 und 373 Abs. 2 (früher §§ 398 Abs. 2 und 413 Abs. 2) auf die Auslegung des § 331 (früher § 372)[66]). Sie hielt es daher für zulässig, im Rechtsmittelzuge über den Angeklagten einen härteren Schuldspruch zu fällen. Ihr Ergebnis wurde als „Verbot der reformatio in durius" bezeichnet.

Einige Rechtslehrer[67]) sahen dagegen § 331 als Grundnorm an. Sie zogen daraus den Schluß, daß jede dem Angeklagten nachteilige Änderung des Urteils im Rechtsmittelzuge unzulässig sei. Insbesondere bekämpften sie die von der Praxis stets vorgenommene Änderung des Schuldspruchs, wenn der neue Titel den Angeklagten mehr belastete, wenn also zum Beispiel die Strafkammer (früher das Schwurgericht) wegen Raubes statt wie das Schöffengericht wegen Diebstahls verurteilt hatte. Im einzelnen war wiederum streitig, welche Titelveränderungen als Nachteil anzusehen waren.

Eine dritte Lehre beachtete den Unterschied der beiden Fassungen[68]) und schloß die Veränderung des Schuldspruchs wenigstens für die Berufung aus.

Eine von Oetker[69]) und Pabst[70]) vertretene vermittelnde Meinung wollte die Vertauschung des Schuldspruchs zwar zulassen, jedoch auf die Fälle beschränken, in denen der Rechtsmittelrichter noch eine gesetzliche, das heißt dem nunmehr anzuwendenden Strafrahmen entnommene Strafe aussprechen konnte. Im Falle ungesetzlicher Strafe[71]) — zum Beispiel Haftstrafe bei Diebstahl, der an die Stelle eines vom Erst-

---

[66]) Ausführliche Darstellung des Streits um die Auslegung der Materialien bei Sprengel 32ff., die freilich glaubt, die h. M. so zwingend begründen zu können.

[67]) Beling Schuldspruch 203; Lehrbuch 340f.; JW 1925, 2331 zu Nr. 3; JW 1925, 2785 zu Nr. 10; Bennecke-Beling 444f., 592; Lohsing 104; Wolf 3 bis 6; unentschieden Dohna Lehrbuch 188f.; Lauckner 59f. weist Beling den Irrtum nach, daß er die §§ 398 Abs. 2, 413 Abs. 2 (a. F.) für die jüngeren Normen hält; vgl. weiter v. Schwarze wie in Fußnote 60 für die Zeit vor 1877, sowie GS 1866, 380ff., wo diese Auffassung vorausgesetzt ist.

[68]) Puchelt § 372 Anm. 3; Dorendorf zu § 372; v. Kries Rechtsmittel 114, 117f.; Binding Grundriß 263, 279, 289 (dazu Oetker GS 1905, 447f.); Ullmann 559; Kleinfeller 585, 602 bis 604, 611; v. Lilienthal HRL 316, Strafprozeßrecht 1923 S. 68, 71, 74; Thode 20 bis 23, 38f.; Lauckner 58 bis 62; Groß 32f., 52; Hipp 17; Mumm ZStW 22, 720ff.; Bischoff GA 30, 317ff.

[69]) Oetker JW 1930, 205 zu Nr. 84; JW 1931, 1618 zu Nr. 79; JW 1931, 1817 zu Nr. 29; JW 1932, 2712 zu Nr. 10; GS 1905, 447f.

[70]) Pabst 25.

[71]) Die Rechtsprechung sieht in den Verbotsvorschriften „die gesetzliche Grundlage für die Verhängung einer (materiell) unzulässigen Strafe oder Strafart", so OLG Oldenburg MDR 1956, 630 Nr. 615 — Ss. 45/56 — in Anlehnung an RGSt. 62, 78 (82) — II 760/27 — unter Berufung auf OLG Oldenburg — Ss. 215/52 — (unveröffentlicht). Das geht allerdings nicht so weit, daß der Rechtsmittelrichter seine Strafe noch unterhalb der Mindeststrafe des von ihm angewandten schwereren Gesetzes festsetzen darf, RG HRR 1931 Nr. 173 — 2 D 1035/29 —. Hier bleibt für eine Strafbemessung überhaupt kein Raum mehr, weil nach oben das Verschlechterungsverbot, nach unten die Mindeststrafe des neu angewandten Gesetzes hindernd

richter angenommenen Mundraubes getreten ist — sollte das Zweiturteil in der Schuldfrage die Rechtsansicht des Erstrichters übernehmen müssen. Diese Mittelmeinung hatte den Vorteil, die bei der reformatio in peius häufig auftretenden strafrechtlichen Anomalien vermeiden zu können, die „bis zur Kränkung des Rechtsempfindens"[72]) gehen können.

II.

Diese Streitfrage, die in ihren Einzelheiten zu noch anderen verschiedenen Ergebnissen führte[73]), wurde ständig erörtert, obwohl sie in der Praxis längst entschieden war. Der Streit hinderte die Rechtslehre daran, die nahezu unübersehbare Fülle der Einzelfragen und der dazu ergangenen Entscheidungen systematisch zu erfassen und zu durchdringen.

Das Gesetz zur Wiederherstellung der Rechtseinheit auf dem Gebiete der Gerichtsverfassung, der bürgerlichen Rechtspflege, des Strafverfahrens und des Kostenrechts vom 12. September 1950[74]) hat diesem Streit nunmehr den Boden entzogen. Es hat in seinem Artikel 3 Ziffern 141, 150 und 157 die Verbotsvorschriften neu gefaßt und den Wortlaut des § 331 dem der §§ 358 Abs. 2 und 373 Abs. 2 angeglichen. Das zwingt dazu, die Verbotsvorschriften einheitlich auszulegen. Da für die Änderung der frühere Wortlaut der §§ 358 Abs. 2 und 373 Abs. 2 der Ausgangspunkt war, kann sich die Auslegung nur nach den Grundsätzen richten, die für diese Vorschriften schon früher gefunden worden waren. Sie sprachen aber stets nur von einer Schlechterstellung des Angeklagten in der Straffrage.

Damit steht fest, daß der Gesetzgeber des Jahres 1950 die von der Rechtsprechung und herrschenden Lehre vertretene Auslegung der Verbotsvorschriften zum Gesetz erheben und die erwähnte Streitfrage im Sinne der höchstrichterlichen Praxis beilegen wollte[75]).

---

im Wege steht; vgl. auch Löwe-R 20. Aufl. § 331 Anm. 4a. Aus dem Verbot ergibt sich weiter die Befugnis, vom Gebot der Strafschärfung (§ 74 Abs. 1 StGB) oder der Strafhäufung (§ 78 Abs. 1 StGB) abzuweichen, BayObLG JR 1955, 472 — I St. 283/55 —.

[72]) RG JW 1931, 1817 Nr. 29 = RGSt. 65, 60 (65) — II 819/30 —. Das RG fingiert zur Erläuterung folgenden, in praxi allerdings wohl fast ausgeschlossenen Fall: „Hat das Schöffengericht den Angeklagten unter der Annahme, daß er aus Fahrlässigkeit den Tod eines anderen verursacht habe, an Stelle einer verwirkten Gefängnisstrafe zu einer Geldstrafe verurteilt und ficht nur der Angeklagte das Urteil mit Berufung an, indem er seine Täterschaft bestreitet, so kann ... das Verfahren damit enden, daß der Angeklagte ... wegen Mordes mit Geldstrafe bestraft wird."

[73]) So stritt man darüber, welche Veränderungen des Schuldspruchs dem Angeklagten Nachteil brachten; vgl. z. B. Beling Lehrbuch 341 Fußnote 2; Lauckner 71 bis 78; Thode 38ff.; Kleinfeller 585f.; Brachvogel ZStW 13, 219ff.

[74]) BGBl. I 455; dazu Nüse JR 1950, 558.

[75]) Eberhard Schmidt § 331 Anm. 1; Kern 185. Das Rechtsmittelgericht muß den Schuldspruch berichtigen, Eberhard Schmidt § 331 Anm. 4; KMR 3. Aufl. § 331 Anm. 1d; Schwarz 18. Aufl. § 331 Anm. 1; Erbs § 331 Anm. I; Feisenberger

Das hat auch der Bundesgerichtshof[76]) unter Berufung auf die Amtliche Begründung zum Rechtseinheitsgesetz[77]) deutlich ausgesprochen. Es ist heute allgemein anerkannt.

Der Rechtsmittelrichter darf also den Schuldspruch des Ersturteils zum Nachteil des Angeklagten verändern. In einem strengen Sinne ist freilich auch der Schuldspruch zu den Unrechtsfolgen — nämlich als Folge normwidrigen Verhaltens — und seine Verschärfung deshalb zu den Nachteilen im Sinne der reformatio in peius zu rechnen. Diese Art der Schlechterstellung ist aber nach dem Willen des Gesetzgebers kein „Nachteil" im Sinne der Verbotsvorschriften[78]). Hier leitet den Gesetzgeber der Gedanke, daß dem Richter unmöglich zugemutet werden kann, eine Tat rechtlich als etwas anderes zu bezeichnen, als was sie wirklich ist.

III.

Ob allerdings dieser Wille des Gesetzgebers in der Neufassung so klaren Ausdruck gewonnen hat, wie es manche Erläuterungen hinstellen[79]), muß bezweifelt werden. Dazu ist die Strafprozeßordnung in ihrer Terminologie an dieser Stelle zu ungenau, weil sie unter „Strafe" die Unrechtsfolgen schlechthin versteht. Dazu steht aber vor allem der Zweck des Verbots mit dem Willen des Gesetzgebers in zu krassem Widerspruch.

Es hätte sich empfohlen, einerseits den Grundsatz weiter zu fassen, andererseits den Ausnahmecharakter der Einschränkung ausdrücklich zu erwähnen. Für eine künftige Änderung des Gesetzes böte sich die Formel an, die gemeinhin Lebenstatbestände rechtlich in ihr Gegenteil verkehrt, die der Fiktion. Der Gesetzgeber könnte, wollte er die ratio des Verbots gleichzeitig klar ausdrücken, etwa folgenden Wortlaut wählen:

„Das Urteil darf in seinen Unrechtsfolgen nicht zum Nachteil des Angeklagten geändert werden, wenn · · ·. Als Nachteil im Sinne

---

§ 331 Anm. 1; Henkel 424 Anm. 15; Peters 501; Lucas-Dürr 314f.; ausweichend RGSt. 57, 28 (29) — II 46/22 —, wo das RG den Schuldspruch nicht verschärft, sondern den Angeklagten als nicht beschwert bezeichnet. Vgl. zu der ähnlichen crux im schweizerischen Strafprozeß Bernoulli 17f., 29ff.

[76]) BGHSt. 2, 96 (98) — 1 StR 755/51 —.

[77]) Amtliche Begründung 50, 51, 52.

[78]) Aus diesem Grundsatz folgt, daß das Verschlechterungsverbot nicht daran hindert, „die Strafe auf Grund einer schärferen, die Verjährung ausschließenden rechtlichen Beurteilung der Tat aufrechtzuerhalten", auch wenn die Verfolgung der Tat bei der rechtlichen Beurteilung des Erstrichters verjährt gewesen wäre, und dieser das lediglich übersehen hatte; so RG HRR 1930 Nr. 685 — 1 D 941/29 —. Unklar OLG Celle GA 49, 311 (v. 17. 6. 1901), das in einer zweitinstanzlichen Straffreierklärung gemäß §§ 199, 233 StGB gegenüber einer erstinstanzlichen Einstellung des Privatklageverfahrens eine reformatio in peius sieht, auch die Revision zuläßt, „wenn die Revision auch nicht auf den Grundsatz der Unzulässigkeit der reformatio in peius gestützt werden kann".

[79]) Vgl. z. B. KMR 3. Aufl. § 331 Anm. 2; Schwarz 18. Aufl. § 331 Anm. 1a.

dieser Vorschrift gilt[80]) nicht eine Veränderung des Schuldspruchs, die Anordnung der Unterbringung in einer Heil- oder Pflegeanstalt, einer Trinkerheilanstalt oder einer Entziehungsanstalt."

IV.

Unserer Begriffsbestimmung kann also als dritte Einschränkung hinzugefügt werden:

„Nachteil ... ist die ... Minderung ..., ..., mit Ausnahme einer Veränderung des Schuldspruchs."

F.

Ist mit diesem Teilergebnis auch schon ein guter Schritt getan, so zeigt es doch einen wesentlichen Mangel. Es bleibt unklar, in welcher Weise und nach welcher Methode der Rechtsmittelrichter die Minderung der Rechtsgüter des Angeklagten ermitteln muß.

Rein gedanklich gibt es dafür verschiedene Möglichkeiten.

Der Rechtsmittelrichter kann einmal konkret, er kann aber auch abstrakt feststellen, ob den Angeklagten ein Nachteil trifft. Er kann die Minderung am Empfinden des Angeklagten, am Standpunkt eines vernünftigen Dritten (seinem Standpunkt!) nach der Anschauung des täglichen Lebens und den besonderen Lebensumständen des Angeklagten oder auch ausschließlich an Hand des Gesetzes messen. Er kann endlich das Erkenntnis erster Instanz mit dem des zweiten Rechtszuges in seiner Gesamtheit vergleichen, kann aber diesen Vergleich bei mehrgliedrigen Urteilen auch an den einzelnen Urteilsgliedern durchführen. Er kann den Nachteil entweder rechtlich oder tatsächlich bestimmen.

Die folgenden Kapitel sollen den richtigen Weg zu zeigen versuchen, an dessen Ende sodann die endgültige Definition des Nachteils stehen muß.

Kapitel 3

Abstrakte oder konkrete Betrachtungsweise

Die abstrakte und die konkrete Betrachtungsweise stehen einander im System des Strafrechts an vier verschiedenen Punkten gegenüber. Sie spielen einmal bei der Einordnung der einzelnen besonderen Tatbestände in die Dreiteilung der Straftaten (§ 1 StGB), zum zweiten bei der Bestimmung des milderen Gesetzes in § 2 Abs. 2 Satz 2 StGB, drittens bei der Frage nach dem schwereren Gesetz in § 73 StGB und

---

[80]) So Artikel 319 Abs. 2 der StPO des Kantons Bern, bei Bernoulli 3.

endlich bei der Suche nach dem milderen Gesetz im Rahmen der Strafzumessung in Fällen zulässiger Wahlfeststellung[81]) eine Rolle.

Rückschlüsse auf unser Problem können aus den zu jenen Fragenkreisen etwa schon klar entwickelten Grundsätzen aber nur gezogen werden, wenn der Nachteilsbegriff nach denselben Denkgesetzen bestimmt wird.

Es kommt also entscheidend darauf an, was jeweils miteinander verglichen werden muß.

Bei den vier Fragenkreisen des § 1, des § 2 Abs. 2 Satz 2, des § 73 StGB und der wahlweisen Verurteilung sind die „mit Strafe bedrohte Handlung" (§ 1) und das „mildere" oder „schwerere Gesetz" (§§ 2 Abs. 2 Satz 2, 73, Wahlfeststellung) zu betrachten. Hier kann bei § 1 die Frage auftauchen, ob die „mit Strafe bedrohte Handlung" abstrakt, das heißt an Hand der Strafandrohung des einzelnen besonderen Tatbestandes, oder konkret, das heißt an Hand der im Einzelfall verwirkten Strafe als Verbrechen, Vergehen oder Übertretung anzusehen ist. Ähnlich bei den §§ 2 Abs. 2 Satz 2 und 73 StGB: die beiden vom Täter in ihren gesetzlichen Merkmalen verwirklichten Strafgesetze können auf ihre größere Milde oder Schwere sowohl an Hand ihrer Strafandrohung als auch an Hand der vom Täter im Einzelfall verwirkten Strafe miteinander verglichen werden. Ebenso läßt sich bei der wahlweisen Verurteilung das anzuwendende mildere Gesetz nach beiden Methoden finden.

Anders dagegen im Bereich des Verschlechterungsverbots. Der Rechtsmittelrichter vergleicht das Ersturteil mit dem Erkenntnis, das er fällen will. Er vergleicht also zwei in einem bestimmten Falle über denselben Lebenstatbestand ergangene Urteile, die ihrerseits wieder konkrete Befunde sind. Im Unterschied zu den ersten vier Fällen besteht deshalb logisch nicht die Möglichkeit, abstrakt zu ermitteln, was den Angeklagten belastet. Die Minderung seiner Rechtsgüter kann nur konkret, im einzelnen Falle festgestellt werden. Etwa zu den genannten Fragenkreisen des Strafgesetzbuches gefundene Grundsätze lassen sich deshalb an dieser Stelle nicht verwerten.

Unserer Definition können die Worte eingefügt werden:

„Nachteil ... ist die im einzelnen Falle festzustellende Minderung ...".

Kapitel 4

Objektive oder subjektive Betrachtungsweise

War es bisher möglich, die einzelnen Merkmale des Nachteilsbegriffs fast nur mit den üblichen Mitteln der Gesetzesauslegung zu erarbeiten, so führt die jetzt auftauchende Streitfrage mitten in Schrifttum und Rechtsprechung hinein.

---

[81]) Vgl. dazu Kleinknecht-Müller § 267 Anm. 9 B g; Schönke-Schröder § 2b StGB Anm. III m. Nw. aus der Rspr., insbesondere RGSt. 69, 369, 374 — 1 D 671/35 —.

Sie wurde allerdings bisher etwa so gestellt:

Ist die Frage, welche von zwei Strafen als die härtere anzusehen ist, nach einem objektiven oder einem subjektiven Maßstabe zu entscheiden?

Der Schwerpunkt des Problems lag also bisher bei dem Begriff der „härteren Strafe". Wir hatten aber gesehen[82]), daß das Verbot der Schlechterstellung nicht nur Strafen, sondern sämtliche Unrechtsfolgen[83]) des materiellen Strafrechts und die Kostenentscheidung trifft. Die „härtere Strafe" allein kann also nicht Kernpunkt der Untersuchung sein. Der eigentliche Anhaltspunkt im Gesetz ist vielmehr der „Nachteil", den wir als „Minderung der persönlichen Freiheit, des Vermögens oder der Ehre des Angeklagten" erkannt hatten.

Demnach muß unsere Frage lauten:

Ist die Minderung dieser Rechtsgüter nach einem objektiven oder einem subjektiven Maßstabe zu bestimmen?

A.

Hier stehen einander zwei große Meinungsgruppen gegenüber.

I.

Die objektive Theorie findet ihren klarsten Ausdruck in einer Entscheidung des Reichsgerichts vom 3. 12. 1907[84]). Dort hatte die Strafkammer den Angeklagten im ersten Rechtszuge zu fünf Jahren Zuchthaus, nach Aufhebung dieses Urteils durch das Reichsgericht und Zurückverweisung der Sache zu anderweitiger Verhandlung und Entscheidung im neuen Urteil (Zweiturteil) zu sechs Jahren und sechs Monaten Gefängnis verurteilt. Die gegen die — durch die Umwandlung in Gefängnis bedingte — Verlängerung der Strafzeit gerichtete Revision des Angeklagten drang nicht durch. Das Reichsgericht führte vielmehr aus[84]):

„Die Frage, welche von zwei ... Strafen als die härtere anzusehen ist, kann ... nicht nach einem subjektiven Maßstabe, etwa dem Empfinden des Angeklagten oder der Anschauung des gewöhnlichen Lebens oder dem Ermessen des Richters, sondern nur nach dem objektiven Maßstabe[85]) entschieden werden, welcher durch die Bestimmung des Strafgesetzbuches über das Verhältnis der zulässigen Strafen oder Strafarten zueinander an die Hand gegeben wird."

Das Reichsgericht bezeichnet sodann die Gefängnisstrafe als die der Art nach mildere. Für das Verhältnis der Strafdauer führt es weiter aus:

---

[82]) Siehe Kapitel 2 unter A bis D.

[83]) Mit Ausnahme der in § 331 Abs. 2 genannten Maßregeln.

[84]) IV 715/07 in RGSt. 40, 411 (412).

[85]) Sperrung vom Verfasser.

„Der § 21 StGB hat ganz allgemein und grundsätzlich Bestimmungen über das Wertverhältnis von Zuchthaus zu Gefängnis und von letzterer zur Strafe der Festungshaft[86]) getroffen. Im Mangel weiterer Bestimmungen kann und muß das dort angegebene Verhältnis dieser Freiheitsstrafen als der objektive Maßstab, welcher nach dem Strafgesetze bei der Vergleichung zweier dieser Freiheitsstrafen nach ihrer Härte und Schwere im gegebenen Falle anzulegen ist, angesehen werden, auch wenn § 21 a. a. O. zunächst nur die Fälle, in denen eine Freiheitsstrafe in eine andere umzuwandeln ist, im Auge hat. Es wird sonach eine erkannte Gefängnisstrafe als eine dem Maße nach härtere Strafe gegenüber einer früher erkannten Zuchthausstrafe nur dann zu erachten sein, wenn sie die Zeitdauer überschreitet, die sich bei Umwandlung ... gemäß § 21 StGB ergibt."

Diese Auffassung hat das Reichsgericht ständig vertreten[87]). Sie liegt auch der Rechtsprechung der Oberlandesgerichte zugrunde[88]). Der Bundesgerichtshof hat sie eindeutig bestätigt[76]). Ihr pflichtet die Mehrzahl der Schriftsteller bei[89]).

Die Bezeichnung dieser Lehrmeinung als der „objektiven" muß jedoch noch erläutert werden. Unter objektiver Betrachtung versteht man gemeinhin in der Strafrechtslehre eine Methode, die einen Begriff an Hand äußerlich faßbarer, von einem dritten unbefangenen Beobachter feststellbarer Umstände bestimmt. Anders aber gebraucht hier die Rechtsprechung das Wort objektiv. Sie will solche naturgemäß nur im Einzelfall auftretenden Umstände ganz außer acht lassen und nur nach dem Gesetz, also generell, von den Umständen des Einzelfalles abstrahierend, den Begriff des Nachteils bestimmen. Richtiger muß diese Methode deshalb als generell-objektive Betrachtungsweise bezeichnet werden.

II.

Ihr gegenüber steht nun eine konkret-objektive Betrachtungsweise[90]). Deren Vertreter[91]) wollen den Begriff des Nachteils zwar grund-

---

[86]) Heute: der Einschließung.

[87]) RGSt. 2, 205 (206) — Rep. 1319/80 —; HRR 1926 Nr. 1215 — II 186/26 —; RGSt. 62, 186 (187) — I 395/28 —; JW 1930, 2792 Nr. 23 — 1 D 825/29 —; RGSt. 66, 202 (203) — III 160/32 —; RGSt. 67, 95 (96) — I 1592/32 —.

[88]) Vgl. z. B. KG DStrZ 1921, 248 — S 1149/20 —.

[89]) Eberhard Schmidt § 331 Anm. 9, 10; KMR 3. Aufl. § 331 Anm. 3a und b, bb (1); Löwe-R 20. Aufl. § 331 Anm. 4a und b; Schwarz 18. Aufl. § 331 Anm. 1; Ullmann 600 Nr. 3; Henkel Lehrbuch 424 Fußnote 15; Gage-Sarstedt 54 Fußnote 315; Fischer 29f.; Haas 44, 47, 48, 53; Wolf 12; Kleinfeller 609f.; Gerber 17; Silber 61 bis 63; Sprengel 36; Jagusch JZ 1953, 690; Mittelbach JR 1955, 7f.; Bruns JZ 1954, 733; auch Skanzoni JW 1928, 2146 zu Nr. 34, der allerdings die allgemeine Geltung des § 21 StGB als des objektiven Maßstabes angreift, wenngleich er sich grundsätzlich auf den Boden der objektiven Theorie stellt.

[90]) Diese sicherlich unschöne Doppelbezeichnung ist notwendig, um diesen Punkt der Untersuchung von der weiter oben gestellten Frage nach der abstrakten oder

sätzlich auch objektiv, das heißt nach äußerlich faßbaren, von einem dritten unbefangenen Beobachter festzustellenden Umständen bestimmen. Sie lehnen es aber im Gegensatz zur Rechtsprechung ab, einen generellen Maßstab anzuwenden, sehen vielmehr allein die besonderen Lebensumstände des jeweiligen Angeklagten als entscheidende Merkmale für die Bestimmung dessen an, was diesen Angeklagten im Einzelfall belastet. Ihre Angriffe richten sich in erster Linie gegen die von der Rechtsprechung vertretene beherrschende Stellung des § 21 StGB[92]).

B.

Einige Stimmen wollen den Begriff des Nachteils nun völlig subjektiv fassen. Schon bei Pabst[93]) und Dallinger-Lackner[94]) deuten einige Formulierungen darauf hin, daß sie das Empfinden des Angeklagten zum letzten Maßstabe des Nachteils erheben wollen. Völlige Unsicherheit in diesem Punkte bringt jedoch ein Urteil des vierten Strafsenats des Bundesgerichtshofes[95]). Es erklärt für zulässig, die im Ersturteil mit fehlerhafter Begründung angeordnete Unterbringung des Angeklagten in einer Heil- oder Pflegeanstalt durch die Sicherungsverwahrung zu ersetzen, da der Angeklagte gerade die Unterbringung angegriffen habe, und zwar nur deshalb, weil er das Zusammenleben mit Geisteskranken in einer Anstalt als besonders schwere Belastung, die Sicherungsverwahrung dagegen als mindere Beschwer empfinde[96]). Mag diese Entscheidung auch zu fruchtbaren Erörterungen Anlaß geben, so verwirrt sie doch im Rahmen dieser Fragestellung, weil sie das bloße Empfinden des Angeklagten zum Gradmesser des Nachteils im Einzelfalle macht und damit dem zur generell-objektiven Theorie ergangenen Urteil des ersten Senats[76]) gerade entgegensteht.

C.

I.

Was zunächst die hier als subjektive bezeichnete[97]) Auslegungsmethode betrifft, so ist sie nicht einmal voll ausgeprägt.

---

konkreten Methode deutlich zu trennen. Sie wird jedoch in die Definition nicht übernommen werden, sondern soll nur hier der Klarstellung dienen.

[91]) Wolf 10 bis 14; Pabst 27; Fischer 33 gegenüber 30; Dallinger-Lackner 1955 § 5 JGG Note 6, vor § 55 JGG Note 23; wohl auch Thode 24f. Gerber 15 bezeichnet sie theoretisch als die beste Lösung, hält sie aber für praktisch undurchführbar.

[92]) v. Kries Rechtsmittel 116; Brachvogel 222; Bennecke 748 Anm. 25; v. Lilienthal HRL 317; Stenglein § 372 Anm. 3; Thode 27; Lauckner 63ff.; Pabst 27 bis 29; Wolf 10 bis 14; Skanzoni JW 1928, 2146 zu Nr. 34; Köhler JW 1930, 2792 zu Nr. 23.

[93]) Pabst 29.

[94]) Dallinger-Lackner, Note 23 vor § 55 JGG.

[95]) BGHSt 5, 313 (317) — 4 StR 755/53 —, das Bruns JZ 1954, 730ff. ausführlich bespricht.

[96]) Sperrung vom Verfasser.

[97]) Bruns JZ 1954, 734 spricht von konkret-individualisierender Methode.

Pabst[98]), der im Ergebnis der konkret-objektiven Betrachtungsweise anhängt, formuliert, daß es sehr wohl darauf ankomme, ob „nicht subjektiv betrachtet für den Angeklagten eine Strafschärfung vorliegt". Dallinger-Lackner[94]) halten es bei der Frage, ob Erziehungsmaßregeln und Zuchtmittel des Jugendstrafrechts ohne Verletzung des Verbots ausgetauscht werden können, für „nicht ausgeschlossen, auch auf die subjektive Beschwer des Beschuldigten abzustellen". Sie formulieren also sehr zurückhaltend und beschränken sich auf das besondere Gebiet des Jugendstrafrechts. Das macht ihre Ausführungen für die grundsätzliche Frage unbrauchbar.

Das Urteil des Bundesgerichtshofes[95]) stellt lakonisch fest, daß der Zweck des § 358 Abs. 2, der dem Angeklagten eine Rechtswohltat gewähre, in sein Gegenteil verkehrt würde, wenn ein von ihm „als Beschwer empfundener ... Rechtsfehler" nicht beseitigt werden könne. „Dieser Widersinn" könne „nicht Rechtens sein"[99]).

Diese schon von Gage-Sarstedt[100]) als bedenklich und wortlautwidrig bezeichnete Entscheidung will also den Zweck der Verbotsvorschriften für sich als Begründung in Anspruch nehmen. Sieht man aber diesen Zweck näher an, so spricht er gerade gegen die Ansicht des Bundesgerichtshofes.

Die Verbotsvorschriften sollen das Vertrauen des Angeklagten darauf schützen, daß ihm die vom Erstrichter als tatangemessen festgesetzte Rechtsstellung erhalten bleibt. Dieses Vertrauen wird am besten, ja überhaupt nur dann wirksam geschützt, wenn der Angeklagte vor Gebrauch seines Rechtsmittels genau weiß, in welchen Punkten des Urteils er mit einer Verschlechterung seiner Lage rechnen muß, ja wenn er das mögliche Maß des Nachteils vorher errechnen kann. Das wiederum kann er aber nur, wenn ein allgemeiner, nicht nur für seinen Fall geltender Maßstab bestimmt, was als Nachteil anzusehen ist. Daraus folgt zwingend: der Begriff des Nachteils muß objektiv bestimmt werden. Nur dann wird er seiner Schutzfunktion gerecht.

Das bloße Empfinden des Angeklagten ist auch als Maßstab viel zu schwankend. Hätte sich der Rechtsmittelrichter nach ihm zu richten, so müßte er bei dem Angeklagten X als Nachteil ansehen, was der Angeklagte Y gerade als angenehm empfinden würde. Letztlich würde bei dieser Methode die Auslegung der Verbotsvorschrift in die Hand des Angeklagten gelegt, ein mit der Stellung des Richters unvereinbares Ergebnis.

Oetker[101]) weist zutreffend darauf hin, daß die Bestimmung des Nachteils „nach individuellen Momenten schon deshalb unmöglich" sei,

---

[98]) Pabst 29 und 32.

[99]) Bruns JZ 1954, 734 bemängelt die Kürze dieser Begründung; vgl. auch Seibert MDR 1954, 340.

[100]) Gage-Sarstedt 55 Fußnote 315.

[101]) Oetker JW 1935, 1417 zu Nr. 17.

„weil das Empfindungsleben eines Menschen nicht eine konstante Größe ist, die körperlichen, seelischen Wirkungen des Eingriffs, der Gefangenhaltung sich nicht voraus berechnen lassen". Ein Wechsel der Lebensumstände könne nachträglich einen Nachteil in sein Gegenteil verkehren, eine früher als minder schwer empfundene Maßnahme jetzt als besonders nachteilig empfinden lassen. Dem stimmt Bruns[102]) mit Recht zu.

Der rein subjektive Maßstab ist also unbrauchbar.

II.

Wägt man nun weiter die generell-objektive und die konkret-objektive Lehre gegeneinander ab, so ist vorab festzustellen, daß beide Lehren zwei Fragen miteinander verquicken.

Die grundsätzliche Frage, der also logisch der Vorrang gebührt, lautet: generell-objektiv oder konkret-objektiv.

Erst wenn diese Frage beantwortet ist, darf nach dem Maßstabe gesucht werden, an Hand dessen dann der Einzelfall entschieden werden soll.

Die Streitfrage hat sich vor allem an § 21 StGB entzündet, mit dessen Hilfe die herrschende Meinung eine Zuchthausstrafe in eine Gefängnisstrafe umwandelt, die um die Hälfte länger ist[103]).

Die Anhänger der konkret-objektiven Betrachtungsweise richten denn auch ihre Angriffe nicht gegen den vom Reichsgericht[84]) als richtig bezeichneten objektiven Maßstab des Gesetzes, als vielmehr gegen die beherrschende Bedeutung, die die Rechtsprechung dem § 21 StGB bei der Rechtsfindung einräumt.

Damit ist diese Streitfrage aber auf ein Maß zurückgeführt, das es unverständlich macht, warum die Gegner der Rechtsprechung zugleich mit ihren Angriffen gegen § 21 StGB allgemein die generell-objektive Lehre verwerfen, von der das Reichsgericht ausgehen muß, um § 21 StGB überhaupt anwenden zu können. Gleichzeitig werden aber auch die zum Anwendungsbereich des § 21 StGB vorgebrachten Beweisführungen beider Meinungen für die Lösung der grundsätzlichen Frage unbrauchbar.

Zu ihr fehlt es überhaupt an jeder näheren Begründung.

Der Streit kann vielmehr wiederum nur mit Hilfe der ratio legis entschieden werden.

Dabei bleibt der Ansatzpunkt derselbe, wie er zur subjektiven Theorie dargelegt wurde: der Angeklagte ist nur geschützt, wenn er das mögliche Maß einer Schlechterstellung selbst errechnen kann, ehe er ein Rechtsmittel einlegt.

---

[102]) Bruns JZ 1954, 737 Fußnote 50, GA 1956, 234; gegen die subjektive Lösung lakonisch auch Kleinfeller 585.

[103]) So alle Fälle in den Entscheidungen der Fußnoten 76, 84, 87, 88.

Damit ist aber auch schon die Entscheidung zugunsten der am objektiven Maßstab des Gesetzes ausgerichteten, also der herrschenden Lehre gefallen[104]).

Sie wird gestützt, wenn man sich vor Augen hält, daß die Verbotsvorschriften der Sache nach dem System unserer Strafrechtspflege fremd und nur aus humanitären Erwägungen in die Strafprozeßordnung aufgenommen worden sind. Im Regelfalle räumt der Gesetzgeber dem Richter bei der Strafzumessung innerhalb der gesetzlichen Strafrahmen Ermessensfreiheit ein. Greift aber das Verbot der reformatio in peius, also das systemfremde Element des Strafverfahrens ein, so wird dieser Ermessensfreiheit des Richters noch innerhalb der gesetzlichen Strafrahmen eine engere obere Grenze gezogen. Mit der generell-objektiven Betrachtungsweise wird zugleich die Gefahr gebannt, daß der Richter, in dessen Hand bei der konkret-objektiven Betrachtungsweise es allein liegen würde, den Nachteil im einzelnen Falle zu bestimmen, der Versuchung erliegt, allzusehr eigene Maßstäbe in die Waagschale zu werfen. Das aber hätte wiederum eine uneinheitliche Auslegung der Verbotsvorschriften zur Folge, würden doch dann auch im Geltungsbereich der Strafprozeßordnung vorkommende landschaftlich verschiedene Sitten in die Gesetzesauslegung eindringen und die Rechtseinheit beeinträchtigen[105]).

Gegen die generell-objektive Lösung scheint zu sprechen, daß die Arbeit des Rechtsmittelrichters hier nahezu zum reinen Rechenexempel herabgesetzt wird.

Dagegen scheint weiter zu sprechen, daß die Tendenz der Gesetzgebung gerade dahin verläuft, dem Richter in der Strafzumessung immer weiteren Spielraum zuzubilligen. Das zeigt sich zum Beispiel an einem Vergleich der alten Fassung des § 29 StGB mit der heutigen. § 29 a. F. bestimmte nämlich, daß bei der Umwandlung einer Geldstrafe in eine Gefängnis- oder Haftstrafe der Betrag von drei bis fünfzehn Mark bei Verbrechen und Vergehen, von einer bis fünfzehn Mark bei Übertretungen einer eintägigen Freiheitsstrafe gleichzuachten sei. Heute stellt § 29 Abs. 3 StGB das Maß der Ersatzfreiheitsstrafe im wesentlichen in das „freie Ermessen des Gerichts“.

Diese Entwicklung spricht aber nur scheinbar gegen unsere Lösung. Wiederum müssen wir uns darauf besinnen, daß die Verbotsvorschriften dem System des Strafverfahrens widersprechen. Sie bilden eine Ausnahme vom Grundsatz gerechten Strafens. Da die Strafzumessung das Mittel gerechten Strafens ist, setzen die Verbotsnormen auch eine Ausnahme vom Regelfall der Strafzumessung. Wenn also der Richter in der Strafzumessung grundsätzlich frei sein soll, so kann in den Ausnahmefällen nur das Gegenteil, nämlich die strenge Bindung an einen gesetzlichen Maßstab vom Gesetzgeber gewollt sein.

---

[104]) Auch Bernoulli 39 sucht nach einer „allgemeinen Formel“.

[105]) Kleinfeller 610 weist zutreffend auf diese Gefahr hin; ebenso Gerber 17.

III.

Ist aber damit der generell-objektiven Betrachtungsweise der Vorzug zu geben, so muß unserer Definition als weiteres Merkmal hinzugefügt werden:

„ Nachteil ... ist die ... generell am Maßstabe des Gesetzes festzustellende Minderung ....“

Kapitel 5

Ganzheitliche oder teilende Betrachtungsweise

Wie schon am Ende des zweiten Kapitels angedeutet, kann sich der Rechtsmittelrichter zwei verschiedenen Urteilsgruppen gegenübersehen, zu denen er nunmehr seinen Spruch fällen muß.

Bei einer Straftat eines Täters, gegen den der Erstrichter nur auf eine Hauptstrafe erkannt hatte, ist dessen Urteil eingliedrig[106]). Auch der Rechtsmittelrichter hat deshalb nur darüber zu befinden, ob er diese eine Unrechtsfolge aufrechterhalten oder freisprechen will, wobei wir zunächst von der Möglichkeit absehen wollen, daß er dem Ersturteil eine Nebenstrafe hinzufügen oder den nach § 51 Abs. 1 StGB freizusprechenden Angeklagten in einer Anstalt unterbringen will. Er muß also nur diese eine Unrechtsfolge in ihrer vom Erstrichter festgesetzten Art und Höhe mit derjenigen vergleichen, die er selbst verhängen will. Ein Zweifel, ob er die beiden Urteilsformeln „ganzheitlich“ oder „teilend“ betrachten soll, kann ihm daher gar nicht kommen.

Anders dagegen bei den mehrgliedrigen Urteilen: Das Schöffengericht hat den Angeklagten wegen Betruges zu drei Monaten, wegen Diebstahls zu zwei Monaten und wegen einer uneidlichen Falschaussage zu sechs Monaten Gefängnis verurteilt und diese Strafen auf eine Gesamtstrafe von acht Monaten Gefängnis zurückgeführt, weil die Taten nach § 74 StGB zu beurteilen waren.

Will nun der Rechtsmittelrichter die Taten zwar rechtlich ebenso bewerten, hält er aber die Einzelstrafen für teils zu niedrig, teils zu hoch, so muß er sich fragen, ob das Verbot der reformatio in peius es ihm nur verbietet, die Gesamtstrafe zu erhöhen oder ob auch die Einzelstrafen für ihn obere Grenzen seiner Strafgewalt für die einzelnen Taten bilden.

Ein anderes Beispiel[107]):

Das Schöffengericht hatte auf ein Jahr Gefängnis unter Anrechnung von vier Wochen Untersuchungshaft erkannt. Das Landgericht hielt eine Gefängnisstrafe von nur neun Monaten für tatangemessen, versagte der

---

[106]) Die stets vorhandene Kostenentscheidung, ein selbständiges Urteilsglied, bleibe zunächst unberücksichtigt.

[107]) RG JW 1925, 2331 Nr. 3 m. zust. Anm. Beling — II 211/25 —; ebenso Eberhard Schmidt § 331 Anm. 13; Bernoulli 45.

Angeklagten aber die Anrechnung der Untersuchungshaft. Hier hätte die Angeklagte nach dem Ersturteil einen Freiheitsentzug von einem Jahr zu erdulden, nach dem Zweiturteil jedoch nur neun Monate zu verbüßen, denen die Zeit der Untersuchungshaft, also vier Wochen, hinzugerechnet werden kann. Im Gesamtergebnis steht sich die Angeklagte daher bei dem landgerichtlichen Urteil besser. Andererseits hat aber das Landgericht einen selbständigen, wenn auch von der Tatsache einer Bestrafung überhaupt abhängigen Ausspruch des Ersturteils, ein „Urteilsglied" beseitigt und insoweit der Angeklagten einen Nachteil zugefügt, wenn dieser Nachteil auch bei einem rechnerischen Vergleich durch den Vorteil der Strafermäßigung aufgewogen wird.

Ist das zulässig?

Bei der weit überwiegenden Anzahl der mehrgliedrigen Urteile[108]) ist diese Frage außerordentlich bedeutsam.

A.

I.

Durchsucht man Rechtsprechung und Schrifttum nach einer deutlichen Äußerung, die das Problem grundsätzlich lösen könnte, so stößt man in der als zweites Beispiel angeführten Entscheidung des Reichsgerichts[107]) auf die Wendung, daß „Änderungen im Strafausspruch, die keine Erschwerung des Strafübels in seiner Gesamtheit bedeuten, unbeschränkt gestattet" seien[109]). An anderer Stelle[110]) will es das Reichsgericht maßgebend sein lassen, „ob im Endergebnis[111]) eine ... Verschärfung vorliegt oder vorliegen kann"[112]).

Ähnlich formulieren der Oberste Gerichtshof für die Britische Zone[113]) und ihm folgend Löwe-Rosenberg[114]), wenn sie eine Geldstrafe mit Wertersatz zusammenziehen und die Summe, die der Angeklagte im Endergebnis zu tragen hätte, als oberste Grenze ansehen. Löwe-Rosenberg bezeichnen[115]) auch unter Berufung auf das Reichsgericht[116]) den Gesamtbetrag zweier Geldstrafen, die für dieselbe Tat nebeneinander

---

[108]) Bei mehreren Angeklagten ist dieser Vergleich selbstverständlich jeweils für den einzelnen anzustellen.

[109]) Vgl. weiter zu einem gleichgelagerten Fall RG HRR 1932 Nr. 692 — 2 D 1189/31 —; JW 1934, 2914 Nr. 17 — 2 D 752/34 —.

[110]) RGSt. 61, 383 — I 648/27 —.

[111]) Sperrung vom Verfasser.

[112]) Ähnlich auch — „die beiden bisherigen Strafen insgesamt" — RGSt. 62, 78 (82) — II 760/27 —; vgl. auch OLG Dresden JW 1930, 332 Nr. 2 m. zust. Anm. Goetzeler — 2 OSt. 174/29 —; OLG Frankfurt a. M. JW 1922, 44 Nr. 2 m. abl. Anm. Fuchs — S 120/21 —.

[113]) OGHSt. 2, 187 (193) — StS 132/49 —; ebenso OLG Braunschweig NdsRpfl. 1951, 52 — Ws 149/50 — (Gefängnisstrafe und Mehrerlös).

[114]) Löwe-R 20. Aufl. § 358 Anm. 6c.

[115]) Löwe-R 20. Aufl. § 358 Anm. 6d.

[116]) RG HRR 1927 Nr. 670 — 2 D 938/26 —.

festgesetzt worden sind, als obere Grenze der Strafgewalt des Zweitrichters, lassen aber die Erhöhung jeder einzelnen Strafe innerhalb dieses Rahmens zu, wenn die andere Strafe entsprechend herabgesetzt wird.

Endlich ziehen sie mit der Rechtsprechung eine weitere Folgerung und führen aus[115]):

„War im aufgehobenen Urteil Gefängnis und Geldstrafe ausgesprochen, so ist eine Erhöhung der Geldstrafe im neuen Urteil unter der Voraussetzung zulässig, daß die Gefängnisstrafe entsprechend herabgesetzt wird"[117]).

Diese Auffassung, also die ganzheitliche Betrachtungsweise, führt das Reichsgericht folgerichtig durch, wenn es die Hauptstrafe (Gefängnis) mit der Nebenstrafe des Ehrenrechtsverlustes (§ 32 StGB) zusammenfaßt und unter Berufung auf § 36 StGB erklärt, daß die Erhöhung der Nebenstrafe kein Nachteil im Sinne der Verbotsvorschriften sei, wenn gleichzeitig die Hauptstrafe um denselben Zeitraum ermäßigt werde[118]).

Dieselben Formulierungen — „in seiner Gesamtheit", „im Endergebnis" — übernehmen auch die Einzeldarstellungen[119]).

Als Begründung führt Haas[120]) an, daß sowohl Hauptstrafen als auch Nebenstrafen eben Strafen seien und „als solche eine Einheit" bildeten. Beling[121]) räumt zwar ein, daß die Anrechnung der Untersuchungshaft „einen selbständigen Teil des Strafausspruches" bilde. Er hält es jedoch für „Formalismus"[122]), so scharf zu trennen, und führt zur Begründung den Gedanken der compensatio lucri cum damno ein. Das Reichsgericht selbst hat sich darauf gestützt, daß die Anrechnung der Untersuchungshaft zwar formell selbständig, der Sache nach aber ein Strafzumessungsgrund sei und deshalb nur im Zusammenhang mit der Hauptstrafe betrachtet werden könne. Pabst[123]) läßt diese Entscheidung deshalb gelten, „weil die Freiheitsentziehung zum Zwecke der Strafverfolgung mit derjenigen zum Zwecke der Strafverbüßung für den davon Betroffenen so gut wie gleichwertig" sei; vulgo: weil es gleichgültig sei, unter welchem

---

[117]) RG Recht 1924 Nr. 1185 — II 467/24 —; OLG Schleswig SchlHA 1949, 138 — Ss. 322/48 —.

[118]) RG JW 1933, 1588 Nr. 8 m. abl. Anm. Merkel — I 1592/32 —; zust. KMR 3. Aufl. § 331 Anm. 3c; zurückhaltend Löwe-R 20. Aufl. § 331 Anm. 4a; vgl. weiter — Zusammenziehung von Geldstrafe und Einziehung — RGSt. 53, 35 (36) — IV 199/18 —; RGSt 54, 60 (66) —IV 515/18 —.

[119]) Fischer 28 und 43; Pabst 38; Haas 32 und besonders 53f.; Wolf 15f.; Beling JW 1925, 2331 zu Nr. 3; Thode 29: „im Schlußresultat"; so auch Kohlrausch 1922 § 372 Anm. 2; W. Becker GS 1929, 123; für Ausgleichung untereinander auch bei Nebenstrafen weiter Kleinfeller 610; v. Kries Lehrbuch 662; Ullmann 559.

[120]) Haas 53f. in der Besprechung des Urteils RGSt. 67, 95 zur Zusammenfassung von Gefängnisstrafen und Ehrenrechtsverlust.

[121]) Zu dem Beispiel betreffend den Wegfall der Untersuchungshaft JW 1925, 2331 Nr. 3.

[122]) So auch Wolf 16.

[123]) Pabst 38 Fußnote 102; ähnlich — wenn auch ohne Bezug auf das Verschlechterungsverbot — Ackermann NJW 1950, 368.

rechtlichen Gesichtspunkt der Angeklagte „sitze", eine Ansicht, die vom Standpunkt des Angeklagten aus nicht lebensfremd ist.

Alle diese Begründungen erweisen sich bei näherem Zusehen als auf den einzelnen Fall gemünzt. Ob sie insoweit zutreffen, mag hier dahinstehen. Die Formulierungen sind aber deshalb nicht unbedenklich, weil sie, deutlich die ganzheitliche Methode für die Findung des Nachteils im Einzelfall befürwortend, diese Methode allgemein und grundsätzlich als richtig bezeichnen. An dieser grundsätzlichen Bedeutung muß der Leser aber füglich zweifeln, wenn er eine zweite Gruppe höchstrichterlicher Entscheidungen ins Auge faßt, deren Leitgedanke auch im Schrifttum mit Recht einhellig vertreten wird.

II.

Diese zweite Gruppe führt uns zu dem ersten Beispielsfall zurück: Bildet nur die Gesamtstrafe des Erstrichters für den Rechtsmittelrichter eine obere Grenze seiner Strafgewalt oder gilt das auch für die Einzelstrafen, die jener für die einzelnen Delikte verhängt hat?

Die höchstrichterliche Rechtsprechung hat diese Frage im Laufe der Jahre verschieden beantwortet. In der ersten Zeit nach dem Inkrafttreten des Reichsstrafgesetzbuches und der Reichsstrafprozeßordnung sprach sie bei mehrgliedrigen Urteilen dieser Art den Einzelstrafen jede selbständige Bedeutung ab und sah sie als bloße Rechnungsfaktoren für die Bildung der Gesamtstrafe an[124]). Folgerichtig konnten diese Einzelstrafen auch keinen Einfluß auf die obere Grenze der Strafgewalt des Rechtsmittelrichters ausüben[125]).

Traten dieser Auffassung schon damals einzelne Stimmen entgegen[126]), so fiel sie gänzlich mit einem Beschluß der Vereinigten Strafsenate des Reichsgerichts vom 18. 4. 1894[127]). Diese Entscheidung befaßt sich zwar nicht mit der reformatio in peius, führt aber mit eingehender Begründung zutreffend aus, daß die Verhängung einer Einzelstrafe ein selbständiger richterlicher, der Rechtskraft fähiger Ausspruch sei.

Aus dieser Erkenntnis zog sodann der vierte Senat des Reichsgerichts[128]) den Schluß, daß auch die Erhöhung einer Einzelstrafe im Rechtsmittelzuge einen Nachteil für den Angeklagten mit sich bringe, „weil bei dem Wegfall der Verurteilung wegen einer oder mehrerer sach-

---

[124]) RG RGRspr. 2, 186 — II 1733/80 —; 2, 239 — III 1903/80 —; 7, 378 — IV 1330/85 —; 9, 449 — IV 1970/87 —; GA 39, 232 (II v. 9. 6. 1891); KG GA 37, 79 — V 82/88 —; OLG Darmstadt HessRspr. Bd. VIII, 138 (v. 3. 10. 1907); OLG Kiel SchlHA 1909, 175 (v. 13. 2. 1909).

[125]) Stenglein zu § 398; Puchelt zu § 398; v. Lilienthal HRL 317; Keller § 372 Anm. 3; berichtend Silber 81.

[126]) So z. B. RGSt. 4, 140 — III 3083/80 —; RGSt. 25, 244 (248) — III 1055/94 —; KG GA 37, 231 (v. 20. 6. 1889); KG GA 38, 369 — S 451/90 —; v. Kries Lehrbuch 662; Bennecke-Beling 444 Anm. 35; Binding Grundriß 279; vgl. auch Katz GS 1884, 576ff.; Gerber 30ff.

[127]) RGSt. 25, 297 — Ver. St. S. Rep. 4435/93 —.

[128]) RGSt. 26, 167 — IV 2998/94 —.

lich zusammentreffender Straftaten im Rechtsmittel- oder Wiederaufnahmeverfahren die für die verbleibende Straftat festgesetzte Einzelstrafe als selbständig zu verbüßende Strafe in Betracht kommen könne"[129]). An dieser Rechtsprechung hat das Reichsgericht seither ständig festgehalten[130]). Das Schrifttum ist seiner Ansicht gefolgt[131]). Der Bundesgerichtshof hat sie bestätigt[129]).

Daraus folgt aber für die hier aufgeworfene grundsätzliche Frage, daß der Zweitrichter bei mehrgliedrigen Urteilen diejenigen sich entsprechenden Urteilsglieder einzeln miteinander vergleichen muß, die Hauptstrafen als Einzelstrafen aussprechen. Daß diese Einzelstrafen nach der praktischen Handhabung nicht in der Urteilsformel, sondern in den Gründen genannt sind, macht dabei keinen Unterschied, da die Gründe insoweit den Tenor ergänzen.

Wie wir nunmehr gesehen haben, widerspricht sich das Reichsgericht der Sache nach selbst. Während es besonders gelagerte Fälle zum Anlaß nimmt, grundsätzlich den Vergleich der Urteilsformeln in ihrer Gesamtheit zu lehren, entscheidet es im Bereiche der Hauptstrafen nach der teilenden Methode, allerdings ohne das ausdrücklich zu sagen, weil es sich hier in der Tat heute von selbst versteht. Ja, es geht mit Ausnahme der genannten Erkenntnisse im Grunde stets nach dieser Methode vor, wenn es sie auch nicht besonders hervorhebt.

B.

I.

Das Rechtsmittelgericht muß also insoweit die teilende Betrachtungsweise anwenden. Das leuchtet auch ohne weiteres ein, wenn man bedenkt, daß bei einem mehrgliedrigen Urteil dieser Zusammensetzung nichts näher liegt, als es so zu behandeln, als wenn die nur durch § 74 StGB verbundenen Straftaten einzeln abgeurteilt worden wären.

---

[129]) So BGHSt. 1, 252 (254) — 3 StR 224/51 —; zust. Schneidewin NJW 1952, 682; widersprüchlich Thode 29f. einerseits, 36f. andererseits.

[130]) RG Recht 1902, 514 (v. 18. 9. 1902); SeuffBl. 74, 244 — 611/08 —; GA 55, 316 — 5 D 284/08 —; Recht 1910 Nr. 4043 — V 685/10 —; GA 59, 133 — 2 D 128/11 —; JW 1914, 436 Nr. 61 — VI 833/13 —; SächsArch 1920, 215 — 5 D 63/19 (15?) —; RGSt. 53, 164 — IV 796/18 —; BayZ 1921, 214 (215) — 1 D 1109/20 —; Recht 1925 Nr. 820 — II 131/25 —; — II 117/27 —; JW 1927, 2050 Nr. 78 m. zust. Anm. Honig; RGSt. 61, 383 (384) — I 648/27 —; HRR 1930 Nr. 187 — 3 D 1005/29 —; RGSt. 67, 236 — I 1067/32 —; vgl. weiter NE I § 330 Begründung 311; NE II § 330 Begründung 184; Kommissionsberichte 3631; NE III § 320.

[131]) Eberhard Schmidt § 331 Anm. 32; Löwe-R 20. Aufl. § 331 Anm. 4b; KMR 3. Aufl. § 331 Anm. 2b; § 358 Anm. 5; Feisenberger § 331 Anm. 1; Kohlrausch 1922 § 372 Anm. 2; Daude 1912 § 398 Note 63; Peters 501; Henkel Lehrbuch 424 Fußnote 15; Bennecke-Beling 444 Anm. 35; v. Kries Lehrbuch 663; Dohna Lehrbuch 188 mit Fußnote 153; Rosenfeld 1901 S. 366 Note 10; Gerland 413; Lauckner 68; Gerber 32; Thode 30; Wolf 25; Haas 59; Hipp 17; Silber 84; berichtend Binding Grundriß 179.

Nun ist aber der Ausspruch der Haupttrafen der Kern des strafenden Urteilstenors. Nebenstrafen, Maßregeln und andere Nebenentscheidungen sind weitgehend von der Hauptstrafe abhängig. Deshalb wird das Rechtsmittelgericht bei ihnen keine andere Vergleichsmethode anwenden als bei den Hauptstrafen. Denn wenn schon bei Hauptstrafen als den gewichtigsten und häufigsten Unrechtsfolgen die einzelnen Urteilsglieder miteinander verglichen werden müssen, dann muß das erst recht bei den anderen Unrechtsfolgen so sein, und zwar auf jeden Fall bei deren Vergleich untereinander.

Es muß aber auch dann gelten, wenn die Frage auftaucht, ob eine Milderung der Hauptstrafe eine durch Verschärfung einer Nebenstrafe bewirkte Schlechterstellung des Angeklagten wieder ausgleichen kann. Ist das schon von unserem Ausgangspunkt her zu verneinen, so auch deshalb, weil zwischen Hauptstrafen einerseits und Nebenstrafen andererseits ein fester gesetzlicher Maßstab fehlt. Es sind unvergleichbare Größen, müssen es auch sein, da die „Nebenstrafe ihre Grundlage in den betreffenden charakteristischen Merkmalen der strafbaren Handlung hat, bei der sie angedroht ist"[132]), während die Hauptstrafen allen Delikten gemeinsam sind.

Vollends wird unsere Ansicht erhärtet, wenn man den gedanklichen Weg betrachtet, den der Richter bei der Urteils*findung* geht.

Hat er den Angeklagten der Straftaten a, b und c für schuldig befunden, so setzt er zunächst für a, b und c je eine Einzelstrafe fest. Sodann prüft er, ob die angewandten Strafgesetze den Ausspruch einer Nebenstrafe zwingend vorschreiben oder zulassen, um je nach dem Einzelfall auch in diesem Punkte seinen Entschluß zu treffen. Erst danach führt er die Einzelstrafen nach § 74 StGB auf eine Gesamtstrafe zurück, um nunmehr zu prüfen, welche Nebenentscheidungen noch offen sind, und etwa über die Anrechnung der erlittenen Untersuchungshaft und letztlich über die Kosten des Verfahrens zu befinden. Diese Reihenfolge wird von der Logik des Systems, aber auch von § 263 Abs. 1 StPO bestimmt.

Der Richter scheidet also die einzelnen Urteilsglieder hier scharf voneinander und muß es auch tun. Auch beim Verbot der reformatio in peius führt nur diese scharfe Scheidung der teilenden Lehre zu reinlichen Ergebnissen.

Demgegenüber kann beispielsweise das Argument des Reichsgerichts, der Spruch über die Anrechnung der Untersuchungshaft sei „der Sache nach ein Strafzumessungsgrund", nicht durchgreifen. Das Gesetz behandelt ihn selbständig; der Richter muß ihn ebenso behandeln[133]).

[132]) Fischer 36; vgl. auch v. Kries Rechtsmittel 117.

[133]) Ja er darf diese Frage nicht mit der eigentlichen Strafzumessung verquicken, BGH NJW 1954, 39 Nr. 16 — 2 StR 40/53 —; — 2 StR 169/52 —; so auch schon RGRspr 2, 479 (480) — II 2713/80 —.

II.

Die hier vertretene teilende Betrachtungsweise könnte aber zu einer groben Ungerechtigkeit führen, wenn sie mißverstanden würde. Zwei Beispiele mögen das verdeutlichen:

a) Der Einzelrichter bestraft den Angeklagten wegen Betruges mit zwei Monaten Gefängnis; die kleine Strafkammer findet, daß eine Geldstrafe von 300 DM, ersatzweise zwei Monate Gefängnis, der Schwere der Tat besser entspreche. Sie stellt den Angeklagten also besser.

b) Der Einzelrichter bestraft den Angeklagten wegen Betruges mit sechs Wochen Gefängnis und 100 DM Geldstrafe, ersatzweise zehn Tagen Gefängnis; die Strafkammer hält eine Geldstrafe von 400 DM, ersatzweise sechs Wochen Gefängnis für ausreichend.

Nach der teilenden Methode scheint es so, als ob der Rechtsmittelrichter die in zweiter Linie verhängte Geldstrafe nicht erhöhen dürfte. Es ergäbe sich also das Kuriosum, daß der Rechtsmittelrichter zwar (Fall a) eine im Ersturteil noch nicht vorhandene mildere Hauptstrafe aussprechen darf, wenn er dafür eine schwerere wegfallen läßt, daß er aber (Fall b) diese mildere Strafe nicht erhöhen darf, wenn er gleichzeitig die härtere Hauptstrafe beseitigen oder herabsetzen will.

Das kann nicht Rechtens sein, weil grundsätzlich die schwerere Strafart immer durch die leichtere ersetzt werden darf.

Dieser Gedanke hilft auch hier. Will der Rechtsmittelrichter die Geldstrafe erhöhen, so muß man seine neue und höhere Geldstrafe gedanklich teilen, und zwar in den Teil, der in seiner Höhe der erstinstanzlichen Geldstrafe entspricht, und in einen zweiten Teil, der an die Stelle der weggefallenen Freiheitsstrafe des Erstrichters tritt. Der erste Teil der neuen Geldstrafe ist nicht erhöht worden; der zweite Teil ist für den Angeklagten nicht nachteilig, weil für ihn die schwerere Gefängnisstrafe entfallen ist[133a]). Die Strafe für die eine Tat ist also nicht verschärft worden.

Auch die ganzheitliche Betrachtungsweise fordert kein anderes Ergebnis.

Bei dem Ausspruch der beiden Hauptstrafen im Falle b) (Gefängnis und Geldstrafe) handelt es sich nämlich nicht um zwei selbständige Urteilsglieder, sondern um ein einheitliches Urteilselement! Zwar muß der Richter hinsichtlich der Strafhöhe zwei Entschlüsse fassen, wenn er beide Hauptstrafen nebeneinander verhängen will. Sowohl Gefängnis- als auch Geldstrafe sind aber Hauptstrafen. Beide zusammen sind die tatangemessene Strafe. Innerhalb der Strafzumessung würdigt der Richter sie zusammenhängend; in der Regel sind auch die Strafzumessungs-

---

[133a]) Dabei darf der Rechtsmittelrichter in diesem zweiten Teil der Geldstrafe allerdings die durch die §§ 27, 29 StGB gezogenen Grenzen nicht überschreiten, wie in Kapitel 7 unter C II Seite 56 bis 59 gezeigt werden wird.

gründe dieselben. Der Entschluß des Richters ist also „dem Grunde nach" einheitlich. Er teilt sich erst, wenn es um die Höhe der beiden Hauptstrafen geht.

Beruhen aber beide Hauptstrafen auf einem einheitlichen Entschluß, so sind sie auch nur ein Urteilsglied. Sie treten nur nach außen hin nebeneinander auf. Ihr innerer Zusammenhang zwingt aus einheitlicher Sicht dazu, sie als Ganzes zu betrachten.

Hinzu tritt noch folgende Erwägung:

Beide Strafen sind Hauptstrafen, gehören einer Kategorie von Strafen an. Wie später gezeigt werden wird, gibt das Gesetz Umwandlungsmaßstäbe. Die beiden Strafen sind deshalb kein aliud, keine unvergleichbaren Größen, sondern stehen zueinander im Verhältnis des minus oder maius. Sie lassen sich also miteinander vergleichen.

Nimmt man diesen Gesichtspunkt der Vergleichbarkeit mit in die Definition auf, so wird damit das gezeigte Mißverständnis vermieden[134]).

III.

Das Teilergebnis dieses Kapitels lautet also: Der Nachteil muß im Einzelfall durch Vergleich der einzelnen einander entsprechenden, vergleichbaren Glieder der Entscheidungsformeln ermittelt werden.

Unserem Definitionsversuch läßt sich also hinzufügen:

„Nachteil ... ist die ... beim Vergleich der einzelnen einander entsprechenden, vergleichbaren Glieder zweier Entscheidungsformeln festzustellende ... Minderung ...".

Kapitel 6

Rechtlicher oder tatsächlicher Nachteil

A.

Im Schrifttum klingt hier und da[135]) die Frage an, ob der Begriff des Nachteils seinem Inhalte nach ein rechtlicher sei oder ob dieser Inhalt rein tatsächlich bestimmt werden müsse. Wie aber schon in Kapitel 4 in anderem Zusammenhang angedeutet, stellte man diese Frage, wenn der Begriff der „härteren Strafe" zu untersuchen war. Auch hier wirkt sich wieder das alte Übel des früheren unterschiedlichen Wortlauts der Verbotsvorschriften aus. So kommt denn Fischer[136]) für § 331 einerseits und die §§ 358 Abs. 2, 373 Abs. 2 andererseits zu verschiedenen Ergebnissen: hier läßt er „für die Bestimmung des Begriffs der härteren

[134]) Richtig daher SchlHolstOLG SchlHA 1949, 138 — Ss. 322/48 —.

[135]) Vgl. z. B. Haas 40; Fischer 28 und 43 (in § 8); Pabst 21; Wolf 10, 11, 18; Köhler JW 1930, 2792 zu Nr. 23; sehr klar in der Fragestellung Silber 52.

[136]) Fischer 28 und 43.

Strafe ... nur das äußere Strafübel, das im Urteilstenor zum Ausdruck kommt, maßgebend" sein[137]), dort sieht er von seinem Standpunkt aus folgerichtig auch jede rechtliche Schlechterstellung des Angeklagten als Nachteil an, weil er die Vertauschung des Schuldspruchs zu ungunsten des Angeklagten für unzulässig hält und eine nachteilige Abänderung mit dem „rechtlichen Nachteil" gleichsetzt.

Ähnlich verfährt Haas[138]).

Dieser Ansatzpunkt ist aber heute nicht mehr brauchbar, weil es nicht mehr allein um den Begriff der härteren Strafe geht.

Gerber[139]) und Silber[140]) folgen dem Ausgangspunkt des Reichsgerichts und fassen den Nachteil auch bei § 331 als rein tatsächliches, äußerlich fühlbares Übel auf.

Demgegenüber sagt das Reichsgericht[141]), es komme nicht auf „die seelische oder tatsächliche Bewertung der Sachlage" an. Für den Begriff der härteren Strafe (!) sei vielmehr allein „die Rechtslage" maßgebend, „die sich aus den Bestimmungen des Strafgesetzbuches ergebe". Da diese Entscheidung aber zur Anwendbarkeit des § 21 StGB als des objektiven Maßstabes ergangen ist, kann ihr im Rahmen dieser Fragestellung nur begrenzte Bedeutung beigemssen werden, zumal sie den genannten Leitsatz nicht näher begründet.

Der Bundesgerichtshof[142]) läßt in einem zu § 161 StGB gefällten Urteil „die lebenslange Gefahr der Bloßstellung durch Offenbarung der Eidesunfähigkeit im Falle einer richterlichen Vernehmung" mit Recht als Nachteil genügen. Er bezeichnet damit schon die Möglichkeit des Eintritts einer Tatsache als Nachteil im Sinne der reformatio in peius.

Wolf[143]) und Köhler[144]) versuchen von der Lehre des Reichsgerichts her eine Verbindung der rechtlichen mit der tatsächlichen Auslegung: „Die Frage, ob eine Strafe härter ist als die andere, richtet sich nach dem tatsächlichen Übelsgehalte, der einer Strafe nach ihrem rechtlichen Inhalte zukommt. Der Name der Strafe ist dafür nicht entscheidend"[144]). Beide führen sodann anschließend die bei jeder Strafe anderen Vollzugsgrundsätze als Abgrenzungsmerkmal in den Streit der Meinungen ein.

B.

Damit ist ein Anknüpfungspunkt an unsere bisherigen Überlegungen gewonnen. Wir hatten gesehen, daß Nachteil die Minderung der Freiheit, des Vermögens oder der Ehre des Angeklagten ist. Ob diese Minderung

---

137) Fischer 28.
138) Haas 40.
139) Gerber 36 ff.
140) Silber 56 bis 59.
141) RGSt. 66, 202 (203) — III 160/32 —.
142) BGHSt. 4, 157 — 4 StR 90/53 —.
143) Wolf 10.
144) Köhler JW 1930, 2792 zu Nr. 23 = RG 1 D 825/29.

nur rechtlich oder nur tatsächlich oder aber nach beiden Richtungen zu messen ist, hängt davon ab, welchen Zeitpunkt der Rechtsmittelrichter seinem Vergleich der Entscheidungsformeln zugrunde legen muß. Denn will man die Vollzugsgrundsätze der verschiedenen Strafen berücksichtigen, so muß eine Grundlage für den Strafvollzug, also eine vollstreckbare Entscheidung vorhanden sein.

I.

Strafrechtliche Entscheidungen werden erst vollstreckbar, wenn sie rechtskräftig geworden sind. Das sagt § 449 ausdrücklich für Urteile[145]). „Ihnen stehen gleich die Entscheidungen nach den §§ 410, 413 Abs. 4, 459, 460, 462 StPO"[146]). Strafrechtliche Entscheidungen greifen also auch mit ihren Übeln erst im Zeitpunkte der Rechtskraft in die Lebenssphäre des Angeklagten ein.

Demnach muß der Rechtsmittelrichter bei seinem Vergleich der beiden Entscheidungsformeln den Zeitpunkt ins Auge fassen, in dem sie rechtskräftig werden.

Der Verfahrenssituation bei der reformatio in peius ist es aber eigentümlich, daß die erste Entscheidung niemals, die zweite nur möglicherweise rechtskräftig wird, weil auch gegen sie wieder ein Rechtsmittel gegeben sein kann. Deshalb kann der Rechtsmittelrichter die Entscheidungen nur im Zeitpunkte einer gedachten oder möglicherweise eintretenden Rechtskraft vergleichen.

Damit ist ein Leitsatz gewonnen:

Der Rechtsmittelrichter muß beim Vergleich der Entscheidungsformeln diese im Zeitpunkte ihrer möglichen Rechtskraft betrachten.

II.

Stellt der Richter aber somit auf den Zeitpunkt einer möglichen Vollstreckung ab, so muß er sich vor Augen halten, daß sich die Vollstreckung des Urteils nicht im Vollzuge der Haupt- und Nebenstrafen und der Maßregeln erschöpft, sondern daß sie dem Angeklagten ein weiteres Übel bereitet: ihn trifft der Vermerk seiner rechtskräftigen Verurteilung im Strafregister. Bedenkt man den Einfluß, den Strafregisterauszüge und, auf ihnen fußend, polizeiliche Führungszeugnisse von jeher auf das berufliche Fortkommen eines Menschen hatten und auch heute noch haben, so nimmt es Wunder, daß dieser Gedanke im älteren Schrifttum nur bei Fischer[147]) anklingt und erst neuerdings von Potrykus[148]) klar ausgesprochen wird.

---

[145]) Vom Sonderfall des § 346 Abs. 2 Satz 2 zweiter Halbsatz abgesehen.
[146]) Statt vieler Schwarz 18. Aufl. § 449 Anm. 1.
[147]) Fischer 46.
[148]) Potrykus § 55 JGG Bem. 10 (S. 475 Fußnote 1).

Das mag daran liegen, daß Grundlage des Vermerks im Strafregister nicht das Strafgesetzbuch oder die Strafprozeßordnung sind, sondern daß die Strafregisterverordnung vom 17. Februar 1934[149]) vorschreibt, die Verurteilung einzutragen.

Ein Grund, diesen Vermerk bei der Bestimmung des Nachteils im einzelnen Falle außer acht zu lassen, ist jedoch nicht ersichtlich. Vielmehr gebietet der Zweck der Verbotsnormen das Gegenteil. Zwar soll das Strafregister in erster Linie den Strafverfolgungsbehörden ihre Nachforschungen ermöglichen oder erleichtern. Es hat aber die nicht zu leugnende Nebenwirkung[150]), daß sein Inhalt den Verurteilten auf seinem weiteren Lebenswege begleitet und sein wirtschaftliches und berufliches, ja auch sein gesellschaftliches Fortkommen hindert. Dieses Fortkommen ist aber nichts anderes als die wirtschaftliche und berufliche Betätigungsfreiheit, die wir[151]) unter anderem als Schutzgut der Verbotsvorschriften erkannt hatten und in die auch primäre Folgen der Verurteilung wie das Berufsverbot oder die Entziehung der Fahrerlaubnis eingreifen. Wirkt sich aber der Strafregistervermerk praktisch genau so nachteilig für den Angeklagten aus wie eine echte Unrechtsfolge, so muß er ihr im Rahmen des Verschlechterungsverbots gleichgestellt werden.

Die Ansicht des Bayerischen Obersten Landesgerichts[152]), daß das Verschlechterungsverbot sich nicht auf die Strafregisterfolge erstrecke, weil diese nicht „eine durch richterliches Erkenntnis ausgesprochene Nebenfolge mit Strafcharakter" sei, verkennt, daß es auf die Rechtsnatur der Folgen einer Verurteilung nicht ankommt. Recht hat das Gericht allerdings insofern, als es dem Zweitrichter nicht verwehrt sein kann, durch eine andere rechtliche Würdigung der Tat die Verurteilung überhaupt erst zu einer registerpflichtigen zu machen. Das folgt aber notwendig aus der vom Gesetzgeber gewollten Herausnahme der Schuldspruchverschärfung aus dem Begriff des Nachteils. Diese Herausnahme äußert hier die Fernwirkung, daß eine Veränderung des Schuldspruchs, die etwa eine nicht registerpflichtige Übertretung zu einem registerpflichtigen Vergehen stempelt, die Registerpflichtigkeit in diesem Sonderfalle ebenfalls nicht unter den „Nachteil" im Sinne unserer Definition fallen läßt.

Von hier aus kann nunmehr erstmalig auf unser Teilproblem geschlossen werden.

Die tatsächliche Behinderung des Verurteilten durch den Strafregistervermerk läßt sich von der Existenz eines rechtskräftigen Urteils nicht trennen, weil der Vermerk dieses Urteils als Grundlage bedarf. Anderer-

---

[149]) RGBl. I 140.

[150]) Die Amtliche Begründung zu § 25 StGB spricht von „schwerwiegenden Fernwirkungen der Strafe, die das private Fortkommen des Verurteilten vielfach hemmen oder ganz vereiteln"; zitiert nach H.-E. Schulze NJW 1957, 772 unter IIa.

[151]) Siehe oben Kapitel 2.

[152]) BayObLGSt. 1955, 160 (165f.) — 2 St. 293/55 —.

seits tritt diese tatsächliche Behinderung frühestens ein, wenn der Vermerk in das Register eingetragen wird. Das Urteil äußert seine Wirkungen aber schon im Zeitpunkte seiner Rechtskraft, der in praxi früher liegt. Diese letzte Wirkung ist deshalb, solange die Vollstreckung noch nicht eingeleitet ist, eine rein rechtliche. Da die Verbotsvorschriften aber schon hier eingreifen, muß auch diese rein rechtliche Schlechterstellung des Angeklagten schon ein Nachteil sein. Dabei wird allerdings der Begriff des rechtlichen Nachteils anders verstanden, als ihn zum Beispiel Köhler[144]) gebraucht. Gemeint ist hier damit die durch den bloßen rechtskräftigen Ausspruch der Unrechtsfolgen eintretende capitis diminutio, die der Angeklagte erfährt.

Daß nicht die Veränderung des Schuldspruchs gemeint sein kann, versteht sich nach dem in Kapitel 2 unter E Gesagten von selbst.

III.

Dieses Ergebnis wird durch die Rechtsprechung erhärtet. Sie mißt die „Härte der Strafe" an der Verbüßung der Unrechtsfolgen, bezieht also tatsächliche Vorgänge in den Nachteilsbegriff ein[153]). Zum anderen unterstellt sie dem Verbot aber Nachteile, die sich zwar möglicherweise tatsächlich auswirken können, zunächst aber den Angeklagten nur rechtlich herabsetzen. Das zeigt sich vor allem in den Entscheidungen, die dem Angeklagten bestimmte Rechte und Fähigkeiten aberkennen, wie zum Beispiel in dem erwähnten Fall, wo ihm die Fähigkeit nachträglich entzogen wurde, als Zeuge oder Sachverständiger eidlich vernommen zu werden[154]). Zu nennen wären weiter die Fälle des Verlustes der bürgerlichen Ehrenrechte[155]) und des Ausspruches der Unfähigkeit zur Bekleidung öffentlicher Ämter[156]). Diese Entscheidungen können ihrer Natur nach tatsächlich weder vollstreckt noch vollzogen werden. Man kann sie annähernd mit den Urteilen auf Abgabe einer Willenserklärung nach § 894 der Zivilprozeßordnung vergleichen. Mit der Rechtskraft vollstrecken sie sich gewissermaßen selbst und führen — der Ausdruck sei gestattet — eine capitis diminutio strafrechtlicher Prägung herbei. Besonders deutlich wird das an einem Ausspruch nach § 161 StGB. Wird

[153]) RGSt. 26, 167 — IV 2998/94 —; RGSt. 40, 411 — IV 715/07 —; RGSt. 61, 383 — I 648/27 —; RG JW 1927, 2050 Nr. 78 m. Anm. Honig — II D 160/27 —; JW 1928, 2146 Nr. 34 m. Anm. Skanzoni — I 395/28 —; RG HRR 1930 Nr. 187 — 3 D 1005/29 —; RG JW 1930, 2792 Nr. 23 m. abl. Anm. Köhler — 1 D 825/29 —; RG JW 1931, 1611 Nr. 69 m. zust. Anm. Heiland — 3 D 60/31 —; RGSt. 67, 236 (238) — I 1067/32 —; BGHSt. 1, 252 (254) — 3 StR 224/51 —; KG GA 74, 141 — 2 S 234/29 —; OLG Dresden JW 1927, 2080 Nr. 37 m. zust. Anm. Stern und zust. Anm. Mannheim in JW 1928, 432 zu Nr. 23 — 2 OSt. 7/27 —; a. A. ohne Begründung OLG Dresden HRR 1930 Nr. 2044 — 1 OSt. 51/30 —.

[154]) BGHSt. 4, 157 — 4 StR 90/53 —; vgl. ferner RGSt. 60, 285 — I 328/26 —.

[155]) RG JW 1927, 2050 Nr. 78 m. Anm. Honig — II D 160/27 —.

[156]) RG GA 49, 277 (278) — III D 1785/02 —; RG JW 1934, 2073 Nr. 40 — I D 326/34 —.

der Verurteilte in seinem späteren Leben nie wieder als Zeuge oder Sachverständiger gehört, so wird diese Minderung seiner Rechtsstellung nicht bekannt. Sie bleibt eine reine Rechtstatsache, enthält aber die tatsächliche Möglichkeit, daß der Verurteilte bloßgestellt wird, falls er in einem späteren Prozeß seines Eidesunfähigkeit offenbaren muß[157]).

Folglich ist der Nachteil im Sinne der Verbotsvorschriften sowohl rechtlich als auch tatsächlich zu bestimmen. Beide Merkmale lassen sich nicht trennen, weil die stets vorhandene rechtliche Benachteiligung die tatsächliche mindestens nach sich ziehen kann.

IV.

Als weiteres Merkmal muß also unserer Definition hinzugefügt werden:
„Nachteil ... ist die ... rechtliche oder tatsächliche Minderung“.

V.

Beziehen wir den unter B I erarbeiteten verfahrensrechtlichen Gesichtspunkt mit ein, so muß es heißen:

„Nachteil ... ist die beim Vergleich zweier Entscheidungsformeln im Zeitpunkte ihrer möglichen Rechtskraft festzustellende ... Minderung ...“.

VI.

Wir beziehen also sowohl die rechtliche als auch die tatsächliche, sowohl die ideelle als auch die materielle Minderung des Angeklagten in unseren Definitionsversuch ein. Zu dessen Vereinfachung seien daher diese vier Merkmale unter dem Wort „jede Minderung“ zusammengefaßt.

C.

I.

Damit sind die Möglichkeiten zu einer Bestimmung des Begriffs erschöpft.

Die Definition lautet nunmehr:

„Nachteil im Sinne der reformatio in peius ist jede beim Vergleich der einzelnen einander entsprechenden, vergleichbaren Glieder zweier Entscheidungsformeln im Zeitpunkte ihrer möglichen Rechtskraft im einzelnen Falle generell am Maßstabe des Gesetzes festzustellende Minderung der persönlichen Freiheit, des Vermögens oder der Ehre des Angeklagten, soweit er sie nicht auch außerhalb dieses Haupt-

---

[157]) In anderem Zusammenhang bezeichnet Thode 39 die bloße Gefährdung des Angeklagten als Nachteil.

verfahrens erleiden müßte, jedoch mit Ausnahme einer Veränderung des Schuldspruchs sowie der Verhängung oder Erhöhung der Unterbringung in einer Heil- und Pflegeanstalt, einer Trinkerheilanstalt oder einer Entziehungsanstalt."

II.

Es wäre zwar wünschenswert, den objektiven Maßstab des Gesetzes in dieser Definition näher aufzuschlüsseln. Das erweist sich jedoch als praktisch undurchführbar, wenn im Zweiten Teil dieser Arbeit die Vielfalt der rechtlichen Gesichtspunkte näher untersucht wird.

Zweiter Teil

Der objektive Maßstab des Gesetzes

(Das Verhältnis der Unrechtsfolgen zueinander)

Ob im Einzelfall das Zweiturteil den Angeklagten gegenüber dem erstrichterlichen Erkenntnis benachteiligt, ist generell, objektiv am Maßstabe des Gesetzes festzustellen[158]).

Nun geben aber weder das Strafgesetzbuch noch die Strafprozeßordnung für das Gebiet der reformatio in peius einen besonderen Maßstab. Er kann daher nur aus den allgemeinen Normen gewonnen werden, die sich mit dem Verhältnis der Unrechtsfolgen zueinander beschäftigen[159]).

Dabei muß die Ausdrucksweise der Verbotsvorschriften der Ausgangspunkt sein. Sie verbieten, die Unrechtsfolgen „nach Art und Höhe" zu verschärfen. Die „Höhe" einer Unrechtsfolge ist ihre Dauer, die Zeitspanne, in der sie den Angeklagten belastet. Sie ist also eine rein rechnerische Komponente der im Einzelfall verwirkten Unrechtsfolge.

Anders deren „Art". Welche Unrechtsfolge ihrer „Art" nach den Angeklagten mehr benachteiligt, also schwerer[160]) ist, soll aus den allgemeinen Vorschriften des Strafgesetzbuches abgeleitet werden.

Kapitel 7

Die Hauptstrafen

A.

§ 1 StGB gewährt den ersten Anhaltspunkt. Danach ist

I. Zuchthaus die Verbrechensstrafe,
II. Gefängnis die Vergehensstrafe,
III. Haft die Übertretungsstrafe.

---

[158]) Siehe Kapitel 4.

[159]) Unter dieser Themenstellung bringen Fischer 26ff., Pabst 26ff., Haas 44ff., Wolf 8ff., Gerber 14ff., Silber 60ff., Lauckner 62ff., Thode 23ff., Kleinfeller 608ff. und (für die Schweiz) Bernoulli 37ff. eine Aufstellung der verschiedenen Strafarten in einer bestimmten Reihenfolge. Ihre Ausführungen decken sich grundsätzlich mit den folgenden Gedanken.

[160]) Die „Schwere" kann dabei als Oberbegriff für „Art" und „Höhe" angesehen werden.

Zuchthaus ist also gegenüber Gefängnis, Gefängnis gegenüber Haft die der Art nach schwerere Strafe.

IV. Die Einschließung ist nach § 1 Absätze 1 und 2 StGB sowohl Verbrechens- wie Vergehensstrafe.

V. Die Geldstrafe wird bei Vergehen und bei Übertretungen angedroht (§ 1 Absätze 2 und 3 StGB). Da nach allgemeiner Ansicht die Freiheit ein wertvolleres Rechtsgut als das Vermögen ist[161]), müssen alle Freiheitsstrafen gegenüber der Geldstrafe als schwerere Strafart angesehen werden[162]).

B.

Dieses vorläufige Ergebnis bestätigt ein Blick in den Ersten Abschnitt des Ersten Teils des Strafgesetzbuches.

I.

Die Zuchthausstrafe ist, sofern sie nicht lebenslang verhängt werden muß, sowohl in ihrem Höchstbetrage als auch in ihrem Mindestbetrage die längste: sie kann zwischen einem Jahr und fünfzehn Jahren liegen (§ 14 Abs. 2 StGB). Den Zuchthäusler trifft ein Arbeitszwang in der Anstalt, er kann auch außerhalb der Anstalt beschäftigt werden (§ 15 StGB). Nach § 31 StGB bewirkt die Verurteilung zu Zuchthaus, daß der Verurteilte dauernd zur Bekleidung öffentlicher Ämter unfähig wird. Neben der Zuchthausstrafe kann stets auf den Verlust der bürgerlichen Ehrenrechte erkannt werden (§ 32 Abs. 1 StGB); die Dauer dieses Verlustes kann zwischen zwei und zehn Jahren liegen (§ 32 Abs. 2 StGB). Die Zuchthausstrafe bringt dem Verurteilten also außer dem Verluste der Freiheit eine schwere Ehrenminderung und birgt in sich scharfe Vollzugsgrundsätze.

II.

Demgegenüber beträgt die Gefängnisstrafe höchstens fünf Jahre und mindestens einen Tag (§ 16 Abs. 1 StGB). Die Arbeitspflicht der Gefängnisinsassen ist in das Ermessen der Strafvollzugsverwaltung gestellt. Die Gefangenen dürfen auch nur auf „eine ihren Fähigkeiten und

---

[161]) Vgl. auch Art. 1 Abs. 1, 104 des Grundgesetzes.

[162]) RGSt. 2, 205 — II 1319/80 —; RGSt. 33, 187 (190) — I 571/00 —; RG Recht 1915 Nr. 1003 — III 704/14 —; RG LZ 1915, 642 Nr. 16 — III 705/14 —; RGSt. 51, 327 (329) — V 502/17 —; RGSt. 57, 121 (122) — I 531/22 —; RGSt. 57, 193 (198) — IV 847/22 —; RGSt. 59, 90 (98) — III 897/24 —; RG HRR 1927 Nr. 1705 — 3 D 155/27 —; RG HRR 1927 Nr. 1269 — 2 D 307/27 —; RGSt. 63, 340 (341) — III 1032/29 —; RGSt. 65, 229 (230) — II 1087/30 —; KG DStrZ 8, 248 — S 1149/20 —; OGHSt. 2, 187 — StS 132/49 —; OLG Dresden WarnJahrb. 1906, 182 (v. 2. 11. 1905); JW 1927, 2080 Nr. 37 m. Anm. Stern — 2 OSt. 7/27 —; HRR 1930 Nr. 2044 — 1 OSt 51/30 —; Eberhard Schmidt § 331 Anm. 9; KMR 3. Aufl. § 331 Anm. 3b, bb, (1); Löwe-R 20. Aufl. § 331 Anm. 4a; Fischer 31; Sprengel 36f.; Pabst 27, 30; Haas 46 und 50f.; Silber 65; unstreitig.

Verhältnissen angemessene Weise" beschäftigt werden, und sie müssen zustimmen, wenn sie außerhalb der Anstalt arbeiten sollen (§ 16 Absätze 2 und 3 StGB). Gemäß § 32 Abs. 1 StGB darf neben Gefängnisstrafe auf Verlust der bürgerlichen Ehrenrechte nur dann erkannt werden, wenn die Dauer der erkannten Strafe drei Monate erreicht und entweder das Gesetz den Verlust der bürgerlichen Ehrenrechte ausdrücklich zuläßt oder die Gefängnisstrafe wegen Annahme mildernder Umstände an Stelle von Zuchthausstrafe ausgesprochen wird. Die gewöhnliche Gefängnisstrafe bringt also den Ehrenrechtsverlust nicht mit sich. Die Dauer dieses Verlustes beträgt auch nur mindestens ein Jahr und höchstens fünf Jahre (§ 32 Abs. 2 StGB). Der Ausspruch der Unfähigkeit zur Bekleidung öffentlicher Ämter ist an dieselben Merkmale geknüpft und von gleicher Dauer (§ 35 StGB).

III.

Die Haft darf höchstens sechs Wochen und muß mindestens einen Tag andauern (§ 18 Abs. 1 StGB). Sie besteht in einfacher Freiheitsentziehung (§ 18 Abs. 2 StGB). Ehrenrechtsverlust und Unfähigkeit zur Bekleidung öffentlicher Ämter können mit ihr nicht verbunden werden. Sie ist deshalb die leichteste Freiheitsstrafe[163]).

IV.

Den weitesten Spielraum in der Strafzumessung hat der Richter bei der Einschließung: er kann zwischen einem Tag bis zu fünfzehn Jahren wählen, sofern nicht der besondere Tatbestand engere Grenzen zieht (§ 17 Abs. 1 StGB). Der Eingeschlossene muß sich jedoch gegenüber dem zu Haft Verurteilten „die Beaufsichtigung seiner Beschäftigung und Lebensweise" gefallen lassen (§ 17 Abs. 2 StGB). Die in § 17 Abs. 3 StGB vorgeschriebene Trennung von Gefangenen gewöhnlicher Art muß nicht immer eine Erleichterung sein. Den Verlust der Ehrenrechte und den Ausspruch der Unfähigkeit zur Bekleidung öffentlicher Ämter sieht das Gesetz neben der Einschließung nicht vor.

Es bereitet also ersichtlich Schwierigkeiten, die Einschließung zu den anderen Strafarten in ein Verhältnis zu setzen; denn einerseits stellt sie das Gesetz in ihrem Höchstmaß der zeitigen Zuchthausstrafe gleich, andererseits nimmt es ihr eine entehrende Wirkung.

1.

Diese Schwierigkeiten vergrößern sich, wenn man die §§ 105 Abs. 1 und 106 Abs. 1 StGB liest. Sie drohen die Einschließung wahlweise neben der Zuchthausstrafe an.

---

[163]) So auch Fischer 30; Sprengel 36; Haas 46 und 49; Wolf 14.

Hier hilft jedoch § 20 StGB: er macht in diesen Fällen die Verurteilung zu Zuchthaus davon abhängig, daß die strafbare Handlung einer ehrlosen Gesinnung entsprungen ist.

Hält man diese Vorschrift mit dem Ausschluß jeglicher Nebenstrafen und dem Fehlen des Arbeitszwanges zusammen, so folgt daraus, daß Einschließung gegenüber Zuchthaus die minder schwere Strafart ist.

2.

Damit ist aber noch nichts für das Verhältnis der Einschließung zur Gefängnisstrafe gewonnen.

a) Hier steht die dreifache Höchstdauer der Einschließung gegenüber der Gefängnisstrafe deren Nebenerscheinungen (Arbeitspflicht, Möglichkeit der Verhängung von Nebenstrafen) gegenüber. Ferner droht § 109 StGB Gefängnis oder Einschließung bis zu fünf Jahren an, ja § 109b Abs. 2 StGB stellt sogar Geldstrafe daneben. Von hier aus können diese Strafarten also nicht zueinander ins Verhältnis gesetzt werden.

b) Nun bestimmt § 21 StGB, daß die achtmonatige Gefängnisstrafe einer einjährigen Einschließung gleichzuachten sei.

Zwar hat diese Vorschrift zunächst nur die Fälle im Auge, in denen eine Freiheitsstrafe in eine andere umzuwandeln ist[164]). Daß sie das Wertverhältnis der Strafen allgemein regele und deshalb auch für das Gebiet der reformatio in peius gelte, wie das Reichsgericht will[165]), wird bestritten[166]). Die Angriffe richten sich aber nicht gegen die Abstufung der drei Freiheitsstrafen, die die Rechtsprechung aus § 21 StGB herausliest, als vielmehr gegen die Folgerung, die sie aus ihm für die Verbotsvorschriften in den genannten Entscheidungen gezogen hat: der Rechtsmittelrichter dürfe eine um ein Drittel längere Gefängnisstrafe verhängen, wenn der Erstrichter auf Zuchthaus erkannt habe. Diese Streitfrage ist deshalb h i e r noch nicht zu erörtern.

Vielmehr kann aus § 21 StGB zunächst der allgemeine Schluß gezogen werden, daß die Einschließung gegenüber der Gefängnisstrafe die minder schwere Strafart ist.

3.

Unklar bleibt noch das Verhältnis der Einschließung zur Haft.

---

[164]) So neuerdings BGHSt. 2, 96 (97) — 1 StR 755/51 —; vgl. ferner Pabst 27 m. w. Nw.

[165]) Grundlegend RGSt. 40, 411 (412) — IV 715/07 —; vgl. ferner RGSt 2, 205 — II 1319/80 —; HRR 1926 Nr. 1215 — II 186/26 —; JW 1928, 2146 Nr. 34 m. abl. Anm. Skanzoni — I 395/28 —; RGSt. 66, 202 — III 160/32 —; JW 1930, 2792 Nr. 23 m. abl. Anm. Köhler — I 825/29 —; KMR 3. Aufl. § 331 Anm. 3b, bb (1); Löwe-R 20. Aufl. Anm. 4b zu § 331; Feisenberger § 331 Anm. 1; Kohlrausch 1922 § 398 Anm. 3; Daude 1912 § 398 Abs. 2 Note 63; Fischer 29 bis 31; Sprengel 36; Haas 48; Gerber 16f.; Peters 501.

[166]) Pabst 27 bis 29 m. w. Nw.; Wolf 10 und 14; Lauckner 64.

Diese ist Übertretungsstrafe, während jene bei Verbrechen und Vergehen eintritt. Sie besteht in einfacher Freiheitsentziehung, während jene eine Beaufsichtigung der Lebensweise zuläßt. § 21 StGB schweigt.

Gerber[167]) und Haas[168]) wollen die Haft der Einschließung gleichstellen. Sie folgern: Einschließung[169]) und Haft seien jede für sich gegenüber Zuchthaus und Gefängnis die leichtere Strafart. Da sich Haft von Einschließung nur durch die mindere Schwere der Normenübertretungen, gegen die sie angedroht sei, unterscheide, seien sie an sich unvergleichbare Größen. Es sei jedoch angemessen, sie gleichzustellen.

Fischer[170]) und Sprengel[171]) kommen mit ähnlicher Begründung zu demselben Ergebnis.

Wolf[172]) hält diesen Schluß für zu weitgehend, sieht keinerlei Anhaltspunkte und will „die Umrechnung ... der freien richterlichen Würdigung" überlassen. Wie seine Formulierung zeigt, stellt er seine Überlegungen für den Fall an, daß der Rechtsmittelrichter die eine Strafart in die andere umzurechnen hat. In demselben Zusammenhang äußern sich auch die anderen Schriftsteller.

Unabhängig von dieser Frage, ob nämlich ein dem § 21 StGB verwandter Umrechnungsmaßstab auch für das Verhältnis der Haft zur Einschließung im Gesetz enthalten sei, muß aber die Frage zu beantworten sein, wie die Haft einzustufen ist.

Diese Antwort geben die verschiedenen Höchstmaße. Der Unterschied zwischen fünfzehn Jahren bei der Einschließung und sechs Wochen bei der Haft ist so groß, daß diese gegenüber jener die leichtere Strafart sein muß[173]).

V.

Wir gewinnen also für die Abstufung der Hauptstrafenarten nach ihrer Schwere folgendes Schema:

I. Zuchthaus
II. Gefängnis
III. Einschließung
IV. Haft
V. Geldstrafe.

---

[167]) Gerber 16ff.
[168]) Haas 49.
[169]) Gerber und Haas behandeln die Festungshaft. Da an deren Stelle heute die Einschließung steht, können ihre Ausführungen aber unbedenklich auf diese angewandt werden.
[170]) Fischer 30f.
[171]) Sprengel 36.
[172]) Wolf 14f.
[173]) So auch Karger GA 61, 202f.

C.

I.

1.

Diese Skala ist jedoch zu grob, als daß sie unsere in Kapitel 4 erhobene Forderung nach einer möglichst festen Ordnung befriedigen könnte. Der Angeklagte kann hier nur im Voraus berechnen, daß er zum Beispiel vom Rechtsmittelrichter nicht mit Gefängnis bestraft werden kann, wenn er vorher mit einer Geldstrafe davongekommen war. Er findet aber keine Antwort auf die Frage, ob etwa unter Anwendung des § 21 StGB die Strafdauer verlängert werden kann, wenn das zweite Urteil eine mildere Strafart wählt.

In der Tat haben Rechtsprechung und herrschende Lehre[165]) es von jeher für zulässig erachtet, bei Milderung der Strafart im Rahmen des § 21 StGB die Strafzeit zu verlängern[174]). Die dagegen erhobenen Bedenken[175]) wiegen schwer. Sie setzen gesetzestechnisch am ursprünglich gewollten Geltungsbereich des § 21 StGB an. Dieser gelte nur für alle die Fälle, in denen eine Strafart in eine andere umzuwandeln sei[176]). Das folge auch daraus, daß das Verhältnis der Haft zu den anderen Freiheitsstrafen nicht geregelt sei, weil insoweit eine Umwandlung niemals nötig werde[177]).

Köhler[178]) sieht in dieser Verlängerung der Strafzeit einen Verstoß gegen den Sinn des Verbots, weil „es für manche Angeklagte sehr auf das Zeitmaß der Freiheitsentziehung ankommt, unter anderem bei Personen in vorgerücktem Alter, denen es nicht gleichwertig erscheinen kann, ob sie 6 Jahre 8 Monate im Zuchthaus oder 15 Jahre in Festungshaft festgehalten werden". Überdies sei der Vollzug der Zuchthausstrafe dem der Gefängnisstrafe so stark angeglichen, daß auch unter diesem Gesichtswinkel der Angeklagte benachteiligt werde.

Wolf[179]) verweist auf den Wortlaut des § 368 Abs. 3 der preußischen Strafprozeßordnung von 1867, der ein Vorläufer der heutigen Fassung des Verbots sei. Dort sei eine Verschärfung der Strafe nach „Art oder Höhe" verboten gewesen.

---

[174]) Vgl. ferner Kleinfeller 608ff.; Silber 61 bis 63; Löwe-R 20. Aufl. § 358 Anm. 6; Jagusch in LK § 21 StGB Anm. 4; Kohlrausch-Lange 41. Aufl. § 21 StGB Anm. II.

[175]) Vgl. außer den in Fußnote 166 Genannten: v. Kries Lehrbuch 663, Rechtsmittel 116f.; Brachvogel 222; v. Lilienthal HRL 317; Thode 26f.; Lauckner 65; Hipp 17; Bernoulli 38f.

[176]) Vgl. §§ 44 Abs. 4, 49 Abs. 2, 158, 157 Abs. 2, 74 Abs. 3, 79 StGB.

[177]) So Pabst 27 bis 29; Skanzoni JW 1928, 2146 zu Nr. 34; Lauckner 64; Thode 27.

[178]) Köhler JW 1930, 2792 zu Nr. 23.

[179]) Wolf 10.

Dieses letzte Argument ließe sich widerlegen. Gerade in der Formulierung „nach Art und Höhe", wie sie der Gesetzgeber von 1877 und 1950 gewählt hat, könnte man ein Anzeichen dafür finden, daß er die von der preußischen Strafprozeßordnung gesetzte Trennung der beiden Komponenten der Strafe nicht mehr in dieser Schärfe aufrechterhalten wollte. Mindestens aber sollte man aus der Wahl des Bindewortes keine zu weitgehenden Schlüsse ziehen. Bei der Meinung Köhlers ist ihr Ausgangspunkt bedenklich. Köhler stellt ab auf den einzelnen Angeklagten und seine persönlichen Lebensverhältnisse, von denen er das vorgerückte Alter nennt. Wir hatten aber gesehen[180]), daß es gerade dem Sinne des Verbots entspricht, diese besonderen Lebensumstände außer acht zu lassen. Trotzdem stimmt Köhlers Hinweis auf die Angleichung der einzelnen Freiheitsstrafen im Vollzug bedenklich. Das muß heute umso mehr gelten, als mehrfach vorbestrafte Verbrecher nicht selten in ihrem Schlußwort das Gericht bitten, statt einer längeren Gefängnisstrafe eine kürzere Zuchthausstrafe zu verhängen. Nicht zu widerlegen ist aber der gesetzestechnische Grund. In der Tat hatte § 21 StGB zunächst nicht die Bedeutung, die ihm die Rechtsprechung für den Bereich des Verschlechterungsverbots beibelegt hat. So führt das Reichsgericht in seinem grundlegenden Urteil[181]) denn auch aus, daß „im Mangel weiterer Bestimmungen" § 21 StGB angewendet werden müsse. Das ist der Sache nach entsprechende Anwendung.

War diese Art der Gesetzesauslegung schon in der Entscheidung des zweiten Strafsenats vom 12. 7. 1880[182]), also vor nunmehr über 75 Jahren angeklungen, so ist sie seit 1907[181]) fester Besitz der Rechtsprechung geworden. Fünfzig Jahre ständiger Rechtsprechung[183]) unter Billigung der herrschenden Meinung im Schrifttum haben hier Gewohnheitsrecht entstehen lassen.

Man mag es bedauern, daß die Rechtsprechung sich so entwickelt hat. Ihr Alter zwingt jedoch dazu, § 21 StGB als den objektiven Maßstab des Gesetzes im Sinne unserer Definition anzuerkennen.

Demnach verhält sich Zuchthaus zu Gefängnis wie 2:3, Gefängnis zu Einschließung wie 2:3 und Zuchthaus zu Einschließung wie 4:9.

2.

Dagegen läßt sich ein Wertverhältnis dieser Strafen zur Haft nicht gewinnen. Alle diesbezüglichen Versuche müssen fehlgehen, weil keine gesetzliche Stütze vorhanden ist.

Da aber auch nach dem Zweck des Verbots die Umrechnung nicht in das freie richterliche Ermessen gestellt werden kann, wie es Wolf[184]) vor-

---

180) S. Kapitel 4.
181) RGSt. 40, 411 — IV 715/07 —.
182) RGSt. 2, 205 — II 1319/80 —.
183) Vgl. die Entscheidungen in den Fußnoten 164 und 165.
184) Wolf 14.

schlägt, darf vom Rechtsmittelrichter verhängte Haft nicht länger sein als eine vom Erstrichter erkannte Gefängnis- oder Einschließungsstrafe[185]).

II.

Der Rechtsmittelrichter darf statt einer Freiheitsstrafe stets auf Geldstrafe erkennen, weil diese immer milder ist.

Ist er dabei völlig frei oder finden sich auch hier objektive Grenzen seiner Strafgewalt ?

Wäre er frei, so könnte folgendes geschehen:

Der Einzelrichter hat den Angeklagten wegen Unterschlagung zu einem Monat Gefängnis verurteilt. Die Berufungskammer würdigt die Tat zutreffend als Betrug[186]), wendet § 263 Abs. 2 StGB an und „mildert", da sie weiß, daß der Angeklagte Vermögen hat, das Urteil auf 5000 DM.

Ersichtlich widerspricht diese Entscheidung kraß dem Sinne des Verbots. Wäre der Richter hier in seiner Strafzumessung keinem objektiven Maßstab unterworfen, so verletzte das Urteil keine gesetzte Norm[187]) und könnte allenfalls aufgehoben werden, wenn sein Inhalt auf einen Mißbrauch des richterlichen Ermessens bei der Strafzumessung hindeutet.

Für die völlige Freiheit des Richters spricht insbesondere § 29 Abs. 3 StGB, der bei der Ersatzfreiheitsstrafe deren Maß in das Ermessen des Gerichts stellt.

1.

Dieses Ermessen findet aber eine erste Grenze dann, wenn der Erstrichter neben Freiheitsstrafen schon eine Geldstrafe verhängt[188]) und dieser eine Ersatzfreiheitsstrafe unterstellt hatte. Damit hat er ein bestimmtes Verhältnis der Geldstrafe zur Ersatzfreiheitsstrafe festgelegt.

Beseitigt nun das Berufungsgericht gemäß § 27b StGB die Freiheitsstrafe, so darf es die Geldstrafe wie auch die Ersatzfreiheitsstrafe erhöhen[189]). Dabei muß es aber jenes Verhältnis seiner Strafzumessun- zugrunde legen, das der Erstrichter in seinem Urteil als tatangemesseg angesehen hatte. War dort für je 10 DM ein Tag Gefängnis als Ersatzn

---

[185]) OLG Hamm NJW 1957, 1889 Nr. 18 mit der weiteren Begründung, daß eine entsprechende Anwendung des § 21 StGB gegen das Analogieverbot verstoßen würde, — 3 Ss 1077/57 —. Gerber 17f., Haas 49, Fischer 30f., Sprengel 36 wollen die Haft der Festungshaft, also der Einschließung gleichstellen.

[186]) Woran sie nicht gehindert ist.

[187]) Vgl. § 27 Abs. 2 Ziffer 1 StGB.

[188]) Etwa im Falle des § 266 StGB.

[189]) Wie in Kapitel 5 gezeigt.

freiheitsstrafe bestimmt, so darf der Rechtsmittelrichter für einen Tag Ersatzfreiheitsstrafe auch nicht mehr als 10 DM Geldstrafe verhängen[190]).

2.

Wie aber, wenn dieser Anhaltspunkt fehlt? Gibt das Gesetz einen absoluten Wertmesser?

Das Reichsgericht[191]), Thode[192]), Lauckner[193]), Gerber[194]), Fischer[195]), Sprengel[196]), Brachvogel[197]) und Haas[198]) verneinen diese Frage, während Kleinfeller[199]), v. Kries[200]), v. Ullmann[201]), Hipp[202]) und Silber[203]) in dem § 29 StGB a. F. einen Umwandlungsmaßstab zu finden glauben. Nach dieser Vorschrift war bei der Umwandlung einer Geld- in eine Gefängnis- oder Haftstrafe der Betrag von drei bis fünfzehn Mark bei Verbrechen und Vergehen, von einer bis fünfzehn Mark bei Übertretungen einem Tage Freiheitsentzug gleichzuachten. Kleinfeller[199]) knüpft an die Ersatzfreiheitsstrafe für den Fall der Uneinbringlichkeit der Geldstrafe an: die Ersatzfreiheitsstrafe dürfe nicht höher ausfallen als die des Ersturteils. Habe der Rechtsmittelrichter aber schon bei der Festsetzung der Geldstrafe den Maßstab des § 29 alter Fassung nicht beachtet, so könne er ihn auch nicht mehr einhalten, wenn er die nicht beitreibbare Geldstrafe umwandeln müsse. Kleinfeller bildet das Beispiel, daß der Rechtsmittelrichter statt einer erstinstanzlichen Haftstrafe von acht Tagen auf 100 Mark Geldstrafe erkannt habe. Man müsse also sagen — so fährt er fort —, weil bei der eventuellen Umwandlung der Geld- in eine Freiheitsstrafe der § 29 StGB

---

190) Abzulehnen ist deshalb das Urteil des OLG Celle NJW 1953, 1683 Nr. 23 — Ss. 591/52 —. Dort hatte das Erstgericht wegen einer Übertretung auf 400 DM Geldstrafe, ersatzweise 20 Tage Haft erkannt. Das OLG setzte die Geldstrafe auf 150 DM herab, ließ aber die Ersatzfreiheitsstrafe in alter Höhe bestehen. Damit verschob es unzulässigerweise das vom Erstrichter festgesetzte Verhältnis der Geldstrafe zur Ersatzfreiheitsstrafe zum Nachteil des Angeklagten. Wie hier RGSt. 53, 35 (36) — IV 199/18 —.

191) RGSt. 2, 202 (203) — II 1733/80 —; RG GA 50, 288 — III D 1138/03 —; RG LZ 1915, 642 Nr. 16 — III 705/14 —; RGSt. 66, 202 (203) — III 160/32—; ferner OLG Kiel SchlHA 1907, 320 (v. 19. 4. 1906); OLG Frankfurt a. M. DRiZ 1958, B 21 Nr. 106 (LS) — 1 Ss 432/57 —; zustimmend die meisten Erläuterungswerke: KMR 3. Aufl. § 331 Anm. 3a; Daude 1912 zu § 372; Kohlrausch 1922 § 398 Anm. 3; auch Hellwig LZ 1922, 314f.

192) Thode 26f.

193) Lauckner 66f.

194) Gerber 20f.

195) Fischer 31.

196) Sprengel 36f.

197) Brachvogel ZStW 13, 221.

198) Haas 50ff.

199) Kleinfeller 609.

200) v. Kries Lehrbuch 663.

201) v. Ullmann 599f.

202) Hipp 17.

203) Silber 65ff.

angewendet werden und weil bei dieser Umwandlung das Verschlechterungsverbot berücksichtigt werden müsse, so habe der Richter schon bei der Festsetzung der Geldstrafe § 29 StGB zu beachten. Er könne also in dem angeführten Beispiel höchstens bis 120 Mark gehen ($8 \times 15 = 120$).

Gegen diesen Gedankengang wenden sich Lauckner[193]), Gerber[194]) und Fischer[195]). Ihnen besagt diese Höchstgrenze, wie Kleinfeller sie feststellt, zu wenig für die Fälle, in denen die Geldstrafe darunter liegt. Diese Beweisführung hält aber nicht stand, wenn man eine Parallele zu § 21 StGB zieht. Auch dort wird für den Rechtsmittelrichter nur eine Höchstgrenze festgesetzt. Innerhalb dieser Grenze kann er sich frei bewegen. Was dort ausreicht, kann bei § 29 StGB alter Fassung nicht unbrauchbar sein.

Fischer[204]) folgert sodann weiter, daß die Wertrelation Kleinfellers für § 29 StGB heutiger Fassung überhaupt nicht mehr gelten könne, da dieser keinen festen Maßstab mehr enthalte, sondern die Höhe der Ersatzfreiheitsstrafe dem richterlichen Ermessen überlasse; nur die Grenzen des § 27 Absätze 2 und 3 StGB zögen Schranken[205]).

Es verwundert, daß Fischer nicht einen Schritt weiter geht. Notwendigerweise hätte er zu folgender Überlegung kommen müssen.

§ 21 StGB ist zunächst nicht für das Gebiet der reformatio in peius gedacht gewesen. Das Reichsgericht wendet ihn aber entsprechend an. Es liegt also nahe, in demselben Abschnitt des Strafgesetzbuches auch für das Verhältnis der Geldstrafe zu den Freiheitsstrafen einen Maßstab zu suchen. Die Normen dieses Abschnitts können nun nicht jede für sich, sondern nur in ihrem Zusammenspiel betrachtet werden. Ergibt dieses Zusammenspiel einen objektiven Maßstab in Form einer oberen Grenze der Strafgewalt für den Rechtsmittelrichter, so muß „im Mangel weiterer Bestimmungen" — wie das Reichsgericht für § 21 StGB sagt[206]) — dieser Maßstab angewendet werden, weil der Zweck der Verbotsvorschriften es dringend erheischt, das richterliche Ermessen einzuengen.

Nun bestimmt § 27 Abs. 2 StGB in seiner Ziffer 1 für die Geldstrafe ein Maß von 5 bis 10000 DM bei Verbrechen und Vergehen. § 29 Abs. 2 Satz 1 StGB läßt als Ersatzfreiheitsstrafe bei Zuchthaus und Gefängnis einen Tag bis ein Jahr (= 365 Tage) zu.

Setzt man nun die Höchstmaße beider Vorschriften zueinander in Beziehung, so verhält sich die höchste Ersatzfreiheitsstrafe zur höchsten Geldstrafe wie ein Tag dieser Freiheitsstrafe zu x,— DM, also 365 Tage zu 10000 DM wie 1 Tag zu x,— DM. Dann ist x = 27,396 = abgerundet 27,40 DM. Rechnet man bei Haft ebenso, so entspricht ein Tag Haft einer Geldstrafe von 3,57 DM (§§ 27 Abs. 2 Ziffer 2, 29 Abs. 2 Satz 1

[204]) Fischer 32. Eine ähnliche Frage kennt das Schweizer Recht; vgl. Bernoulli 29f., der zu einem dem unseren ähnlichen Ergebnis kommt.

[205]) So auch Haas 50ff.

[206]) RGSt. 40, 411 (412) — IV 715/07 —.

StGB)[207]. Dieser Maßstab muß „im Mangel weiterer Bestimmungen" im Bereiche der Verbotsvorschriften entsprechend angewendet werden.

In unserem Ausgangsbeispiel hätte der Rechtsmittelrichter also statt 1 Monat = 30 Tage Gefängnis nicht auf 5000 DM, sondern höchstens auf 27,40 DM mal 30 Tage = 822 DM erkennen dürfen. Diese Höhe der Geldstrafe wäre auch nicht anstößig gewesen.

Fischer verwechselt hier anscheinend einen für das gesamte Strafverfahren schlechthin aufgestellten Maßstab mit einem, der jedenfalls im Bereiche des Verschlechterungsverbots gelten muß. Den ersteren aus den §§ 27, 29 StGB herauszulesen, ginge in der Tat zu weit. Nichts hindert aber daran, wenigstens für unsere Frage diesen Maßstab anzuerkennen und dem Angeklagten seinen Schutz angedeihen zu lassen. Wirkt sich die Geltung des § 21 StGB häufig ungünstig für den Angeklagten aus, so wird ihm hier erhöhte Sicherheit zuteil.

Dieser Maßstab kann aber natürlich dort nicht gelten, wo der besondere Tatbestand Geldstrafe in unbegrenzter Höhe androht[208]. Dort ist der Richter frei. Die Ausnahme ist gerechtfertigt, weil sie in Eigenheiten des jeweiligen Delikts begründet ist. Bei Tatbeständen, für die die höchste Geldstrafe über 10000 DM liegt[209], muß die dargestellte Berechnungsmethode besonders angewendet werden.

D.

Ist damit für die Hauptstrafen ihrer Art nach[210] und in ihrem Wertverhältnis zueinander[211] ein Schema gewonnen, so finden sich weitere Gesichtspunkte zur Aufgliederung der Strafdauer nach, wenn wir uns darauf besinnen, daß der tatsächliche Nachteil, der jeder Strafe anhaftet, erst mit ihrer Vollstreckung beginnt.

I.

Sinn jeden Strafausspruches ist es, vollstreckt zu werden.

Trotzdem ordnet das Gesetz in § 70 StGB an, daß die Vollstreckung nicht mehr eingeleitet werden darf, wenn bestimmte Fristen seit der Rechtskraft des Urteils verstrichen sind. Diese Möglichkeit der Vollstreckungsverjährung ist mit dem Ausspruche jeder Strafe untrennbar verbunden. Sie ist eine Eigenschaft der Strafe. Daraus folgt aber, daß eine Strafe dann leichter ist, wenn das Gesetz für sie eine kürzere Ver-

---

[207]) Damit erledigt sich auch die Befürchtung Gerbers (22), daß der Rechtsmittelrichter die erstinstanzliche Haftstrafe in eine Geldstrafe von mehr als 150 DM, also eine Vergehensstrafe abwandeln könnte; denn nach unserer Berechnungsweise darf die Geldstrafe des Zweiturteils nie höher als 149,94 DM ausfallen. Richtig auch OLG Oldenburg NdsRpfl. 1958, 40 — Ss. 47/57 —.

[208]) Vgl. z. B. §§ 85, 98, 101 StGB.

[209]) Vgl. z. B. § 27a StGB.

[210]) Unter A und B dieses Kapitels.

[211]) Unter C dieses Kapitels.

jährungsfrist setzt. Sie ist also für den Angeklagten minder nachteilig als eine Strafe mit längerer Verjährungsfrist[212]). Diese Chance des Angeklagten, infolge einer Vollstreckungsverjährung seine Strafe nicht verbüßen zu müssen, ist deshalb ein Moment, das bei der Bestimmung des Nachteils im Einzelfalle beachtet werden muß.

Die Abstufung des § 70 StGB schlüsselt dabei die einzelnen Strafarten ihrer Dauer nach auf.

II.

Wie im vorigen Kapitel gezeigt, ist auch der Vermerk im Strafregister ein Nachteil, der nicht verschärft werden darf. Dem Vermerk ist es aber eigentümlich, daß er nach Ablauf bestimmter Fristen zunächst nur noch der beschränkten Auskunft unterliegt und später — nach Ablauf weiterer Fristen — ganz getilgt wird. Diese Tilgungsmöglichkeit ist ebenso eine Eigenschaft des Strafregistervermerks, wie die Vollstreckungsverjährung der Strafe anhaftet. Sie muß deshalb wiederum zu einer Aufschlüsselung der Strafen nach der Dauer der Fristen des Straftilgungsgesetzes führen.

III.

Wendet man einerseits § 70 StGB und andererseits die §§ 6 und 7 des Straftilgungsgesetzes an, so ergibt sich das folgende Schema:

I. Zuchthaus
   1. lebenslang
   2. über 10 Jahre
   3. bis zu 10 Jahren

II. Gefängnis
   1. über 5 Jahre
   2. von 2 bis 5 Jahren
   3. von 3 Monaten 1 Tag bis zu 2 Jahren
   4. von 8 Tagen bis zu 3 Monaten
   5. von 1 Tag bis zu 1 Woche

III. Einschließung
   1. über 10 Jahre
   2. von 5 bis 10 Jahren
   3. von 2 bis 5 Jahren
   4. von 3 Monaten 1 Tag bis zu 2 Jahren
   5. von 8 Tagen bis zu 3 Monaten
   6. von 1 Tag bis zu 1 Woche

IV. Haft

---

[212]) Dieser Gedanke klingt bei Thode (39) in anderem Zusammenhang an, allerdings für die Strafverfolgungsverjährung.

V. Geldstrafe

1. über 150 DM
2. bis zu 150 DM.

Der Rechtsmittelrichter darf also die einzelnen Trennungslinien dieses Schemas nicht nach oben überschreiten, wenn er die Verbotsvorschriften nicht verletzen will.

Kapitel 8

Die zur Bewährung ausgesetzte Strafe

Das Dritte Strafrechtsänderungsgesetz (Strafrechtsbereinigungsgesetz) vom 4. 8. 1953[213]) hat die §§ 23 bis 25 in das Strafgesetzbuch eingeführt. Nach § 23 Abs. 1 StGB ist es möglich, die Vollstreckung einer Freiheitsstrafe von nicht mehr als neun Monaten auszusetzen, damit der Verurteilte durch gute Führung während einer Bewährungszeit Straferlaß erlangen kann (Strafaussetzung zur Bewährung).

Damit tritt dem normalen Typus der Freiheitsstrafe, die darauf ausgerichtet ist, vollstreckt zu werden, die zur Bewährung ausgesetzte, kurzzeitige Freiheitsstrafe gegenüber; die ausgesetzte Strafe tritt in Gegensatz zur Vollstreckungsstrafe.

Ist die Freiheitsstrafe, deren Vollstreckung zur Bewährung ausgesetzt wird, eine neue Strafart, so muß unser soeben gewonnenes Schema berichtigt werden.

A.

Zur Rechtsnatur der ausgesetzten Freiheitsstrafe finden sich vier Ansichten, die auch im Bereiche des Verschlechterungsverbots zu verschiedenen Ergebnissen führen.

I.

Meister[214]) stützt sich auf die Geschichte der Strafaussetzung, die vor Erlaß der §§ 23 bis 25 StGB ein Gnadenakt war[215]). Er meint, die neuen Vorschriften übertrügen lediglich die Befugnis zum Erlaß des Gnadenaktes auf den Richter, veränderten aber nicht dessen Rechtsnatur. Das folge auch daraus, daß die Entscheidung über die Aussetzung einer

---

[213]) BGBl. I 735.

[214]) Meister DRiZ 1953, 218.

[215]) RG Recht 1926 Nr. 2335 — III 460/26 —; Recht 1926 Nr. 1871 — II 606/26 —; HRR 1927 Nr. 1269 — 2 D 307/27 —; JW 1928, 227 Nr. 70 — 2 D 31/28 —; BayZ 1930, 304 — 1 D 176/30 —; OLG Jena HRR 1925 Nr. 743 — II 27/25 —; OLG Kiel JW 1925, 2816 Nr. 16 m. abl. Anm. Jonas — W 195/25 —; OLG Königsberg JW 1929, 2776 Nr. 41 m. Anm. Jonas — S 413/28 —. Über den Entwicklungsgang vgl. Lackner JZ 1953, 428; Becker NJW 1953, 1093; Schröder NJW 1952, 6. Bedenken gegen die alte Praxis äußert auch Kohlrausch 1933 zu § 331.

normalen Freiheitsstrafe im Gnadenwege unter anderem in der Gnadenordnung des Landes Nordrhein-Westfalen genau so geregelt sei wie nunmehr im Strafgesetzbuche.

Folgerichtig will Meister das Verbot der reformatio in peius auf die Entscheidung über die Aussetzung nicht anwenden, wie es früher die Rechtsprechung auch nicht getan hatte[215]).

II.

Andere Schriftsteller sehen in der zur Bewährung ausgesetzten Strafe eine Maßregel der Sicherung und Besserung[216]), weil ihr der Vergeltungs- und Sühnecharakter der Vollstreckungsstrafe fehle und sie vor allem den Verurteilten als Druckmittel zu künftigem Wohlverhalten anhalten solle.

Diese Ansicht müßte das Verschlechterungsverbot auf die zur Bewährung ausgesetzte Strafe anwenden.

III.

Die wohl modernste Auffassung vertritt Jagusch[217]). Die Straffestsetzung unter Aussetzung zur Bewährung mit oder ohne Bewährungsauflage sei als einheitliche Straffolge „eine selbständige Strafart[218]), und zwar — jeweils im Verhältnis zur gleichnamigen Freiheitsstrafe — die mildere“[219]). Sie sei, wie der „sursis“ des romanischen und die „probation“ des angelsächsischen Recht seine „Abschattierung des einen einheitlichen Reformgedankens der Lisztschen bedingten Verurteilung zur Bekämpfung der ungerechten kurzzeitigen Freiheitsstrafe“[220]). Der Kern der neuen Unrechtsfolge sei Bewährung und nicht der Vollzug der Freiheitsstrafe. Sie solle warnend auf den Verurteilten wirken, indem sie eine Straffolge in Aussicht stelle. „Vom Standpunkt eines Erziehungs- und Sicherungsrechts, das die Zweispurigkeit der Unrechtsfolgen nicht mehr kennt,“ sei „Strafaussetzung zur Bewährung durchaus als Erziehungsmaßregel ... denkbar“[221]). Kriminalpolitisch sei sie eine bessernde Maßnahme. Jagusch räumt allerdings ein, daß das Gesetz die

---

[216]) Anklingend bei Eberhard Schmidt: „bessernde Maßnahme“ in ZStW 64, 7; Vrij: „Sicherungsmaßnahme“ in ZStW 66, 229; nicht ganz klar Maurach 661, der aber zum Verschlechterungsverbot keine Stellung nimmt. Dreher-Maassen StGB 2. Aufl. Anm. 1 zu § 23 sprechen von einem „kriminalpolitischen Reaktionsmittel eigener Art, das je nachdem, ob damit eine Resozialisierung angestrebt werde oder nicht, die Natur einer bessernden Maßregel oder strafähnlichen Charakter“ habe. Vgl. dazu die Zusammenstellung bei Kohlrausch-Lange 41. Aufl. Vorbem. II vor §§ 23—26 StGB, bei Jagusch LK Bem. 1 vor § 23 StGB.

[217]) Jagusch JZ 1953, 688ff.

[218]) Unentschieden Nüse JR 1952, 423ff. (424).

[219]) Jagusch 688.

[220]) Jagusch 689.

[221]) Jagusch 688 Fußnote 8.

Strafaussetzung zur Bewährung als Strafe „konstruiere" und sie „nach der Legalordnung in Gegensatz zu den Maßregeln des § 42a StGB" stelle. Das besage aber nichts gegen ihre Eigenständigkeit. Die Abstimmungsregel des § 263 Abs. 4, wonach über die Strafaussetzung mit einfacher Mehrheit zu befinden sei, sage nichts über den Kern der Sache. „Als systemwidrig" werde „sie später auch fallen müssen"[220]).

Jagusch entwickelt sodann ein neues Strafensystem, in das er die ausgesetzte Strafe jeweils als mildere unter die Vollstreckungsstrafe gleichen Namens einordnet[222]). Im Gebiete der reformatio in peius hält er es für zulässig, eine Vollstreckungsstrafe durch eine höhere zur Bewährung ausgesetzte Strafe zu ersetzen, solange die Strafart dieselbe bleibt. Der Rechtsmittelrichter soll die Entscheidung über die Aussetzung jedoch nicht widerrufen können[223]).

IV.

1.

Gegen den Ansatzpunkt Jaguschs wendet sich Mittelbach[224]).

Die Neuerung der §§ 23 bis 25 StGB beruhe zwar auf den Reformgedanken von Liszts, sei aber nur das „einstweilige Ergebnis", nicht der Endpunkt der eingeleiteten Entwicklung[225]); dazu sei die für die Zukunft angestrebte „bedingte Verurteilung" in der neuen gesetzlichen Regelung zu wenig ausgeprägt. Auch die zur Bewährung ausgesetzte Strafe sei Strafe[226]). Sicher sei sie eine Strafe besonderer Art, jedoch erreiche die damit gegebene Wesensverschiedenheit nicht einen solchen Grad, daß die ausgesetzte Strafe zur selbständigen Strafart werde[227]). Zwar sei die zur Bewährung ausgesetzte Strafe sicherlich ein „neuartiges Mittel der Strafsanktion"[228]), eine „neue Art staatlicher Reaktion gegen das Unrecht"[229]). Jedoch werde durch die Aussetzung nur die Vollstreckung der Freiheitsstrafe modifiziert. Die Entscheidung des Richters, ob er die Strafe aussetzen wolle, sei zwar in den Urteilstenor aufzunehmen[230]),

---

[222]) Zust. Dallinger Zweifelsfragen MDR 1954, 1ff. (4).

[223]) Jagusch 690 unter 6.

[224]) Mittelbach JR 1955, 5ff.

[225]) Mittelbach 5.

[226]) Mittelbach 5 unten.

[227]) Wie das OLG Hamm MDR 1954, 374 Nr. 352 — (1) 2a Ss. 1277/53 — aus den Darlegungen des BGH NJW 1954, 39 Nr. 16 — 2 StR 40/53 — unter Berufung auf Jagusch folgere; ebenso LG Göttingen NJW 1954, 892 Nr. 21 — 9 Ms (Ns) 246/53 —.

[228]) BGH NJW 1954, 39 Nr. 16 — 2 StR 40/53 —.

[229]) Amelunxen DRiZ 1953, 148.

[230]) So OLG Hamm JMinBl. NRW 1954, 84 Nr. 1 — 1 Ws 45/54 —; ähnlich SchlHolst OLG SchlHA 1953. 20 — Ws 351/53 —.

sie sei aber mit der Festsetzung der Strafhöhe nicht unlösbar verbunden, wie auch der Bundesgerichtshof ausgesprochen habe[231]). Das spreche aber dafür, daß die Strafart dieselbe bleibe.

Der Bundesgerichtshof fordere ferner[232]), „daß zunächst unter Berücksichtigung aller für die Strafbemessung in Betracht zu ziehender Strafzwecke die schuldangemessene Strafe zu finden sei, erst danach könne sinnvoll der Richter die Entscheidung über die Strafaussetzung treffen“[233]). Auch § 263 Abs. 4 trenne die beiden Entschlüsse des Richters scharf. Danach sei es ausgeschlossen, wegen Gewährung der Strafaussetzung die Strafe höher oder wegen ihrer Versagung sie niedriger zu bemessen[234]). Man könne aber nicht — und das ist der Kern der Beweisführung Mittelbachs — eine Strafe zumessen, wenn man sich erst später, nämlich bei der Frage der Aussetzung, über die Strafart schlüssig werden wolle. Zwar verändere sich mit der Aussetzung in irgend einer Weise auch die Strafe[235]). Die Möglichkeit gewöhnlicher Vollstreckung in der erkannten Höhe bleibe aber auch der ausgesetzten Strafe immanent, wie § 25 Abs. 2 StGB beweise[236]).

„Der Gedanke einer neuen Strafenskala“ könne „danach nicht richtig sein“. Er möge „der vollen Ausbildung des Instituts entsprechen. Auf jeden Fall“ habe „ihn aber der Gesetzgeber, wie die gleichzeitige strafprozessuale Regelung“ zeige, „noch nicht verwirklicht“[233]). Denn habe der Richter eine bestimmte Strafe ausgesetzt, stellten sich aber nachträglich Umstände heraus, die gemäß § 25 Abs. 2 StGB der Aussetzung entgegenstanden, so müßte die Strafe völlig neu aus der anderen Skala der Vollstreckungsstrafen bemessen werden. Regelmäßig werde aber nach dem Widerrufe der Aussetzung die Strafe in der einmal erkannten Höhe vollstreckt[236]). Für den Bereich des Verschlechterungsverbots sei die ausgesetzte Strafe milder als eine Vollstreckungsstrafe gleicher Art und Höhe. Da nunmehr das Verbot auch auf die Entscheidung über die Aussetzung angewendet werden müsse, sei es unzulässig, eine ausgesetzte Strafe in eine Vollstreckungsstrafe gleicher Schwere umzuwandeln[237]). Jedoch sei

---

[231]) BGH NJW 1953, 1838 Nr. 18 (1839 unter III) — 5 StR 723/52 — unter Hinweis auf ein nicht veröffentlichtes Urteil: — 5 StR 248/53 —; zustimmend Hellmer NJW 1956, 980.

[232]) BGH NJW 1954, 39 Nr. 16 zu 3 — 2 StR 40/53 —.

[233]) Mittelbach 5; so auch OLG Frankfurt NJW 1956, 113 Nr. 19 (LS) — 1 Ss. 801/55 —; Hennke DRiZ 1955, 3.

[234]) So auch KMR 3. Aufl. zu § 267.

[235]) Maassen MDR 1954, 2 unter III 1 spricht von dem Versuch des ambulanten Strafvollzuges.

[236]) So auch KMR 3. Aufl. § 331 Anm. 4a, die eine Veränderung der Strafe der Höhe = der Schwere nach annehmen. Sie ziehen zutreffend einen Schluß aus der Behandlung der Ersatzfreiheitsstrafe in der Rechtsprechung, die auch nicht erhöht werden dürfe. Ähnlich Bruns GA 1956, 237.

[237]) So auch OLG Hamm NJW 1955, 1000 Nr. 23 — 3 Ss. 1726/54 —.

es zulässig, „bei ausgesetzter 5-Monatsstrafe nunmehr auf z. B. 4 Monate Vollzugsstrafe zu erkennen"[238]).

Hier liegt ein Bruch in der Gedankenfolge Mittelbachs; denn vorher[239]) stellt er sich auf den Boden der objektiven Theorie und sagt[240]), daß „immer die Art und Höhe der erkannten Freiheitsstrafe entscheidend" bleibe. „Ob mit oder ohne Bewährung, ausgesprochen" sei „zunächst immer eine Freiheitsstrafe bestimmter Art und Höhe".

2.

Der Grundzug der Mittelbachschen Auffassung hat sich durchgesetzt. So kommt Hellmer[241]) ebenfalls zu dem Ergebnis, daß durch die Aussetzung einer Freiheitsstrafe lediglich die Art der Vollstreckung umgewandelt werde[242]). „Es wird" — so führt er aus[243]) — „nicht in die Freiheit des Verurteilten vollstreckt, die er zum Weiterleben und -arbeiten braucht, sondern in seine Sozialkraft; er wird aus seiner Umgebung ... nicht herausgelöst, sondern in ihr durch die besondere Gestaltung der Strafvollstreckung gerade zu erhöhter Wirksamkeit angespornt: Es wird ihm die Befugnis eingeräumt, die Freiheitsentziehung durch Bewirkung eigener positiver Leistungen abzuwenden, also seine Verpflichtung, (ergänze: der Gemeinschaft) Genugtuung zu verschaffen, abseits vom Gefängniszwang zu erfüllen"[244]). Diese Genugtuung erscheine auch ohne Vollstreckung genügend gesichert[245]). Hellmer folgert nun aber daraus, daß die ausgesetzte Strafe gegenüber der Vollstreckungsstrafe gleicher Art und Höhe nicht schlechthin als die mildere angesprochen werden könne[246]). Vielmehr seien beide im Maß ihrer Schwere gleich[244]). Daraus folge aber wiederum, daß es „bei der Frage, ob eine Rechtsmittelentscheidung gegen das Verbot der reformatio in peius verstößt, wie bisher allein auf die Art und die Höhe der erkannten Erststrafe" ankomme[246]).

3.

Hellmer stimmt sodann einem Urteil des Bundesgerichtshofes[247]) zu, das die Strafen der beiden Instanzen für sich vergleicht und sodann aus-

[238]) Mittelbach 8.
[239]) Mittelbach 7.
[240]) Mittelbach 8 oben.
[241]) Helmer JZ 1956, 714ff.
[242]) Ebenso Schönke-Schröder 7. Aufl. § 23 StGB Anm. II; Maassen MDR 1954, 2ff.; ähnlich Kohlrausch-Lange 41. Aufl. Vorbem. II vor §§ 23 bis 26 StGB: „Modus des Bestrafens".
[243]) Hellmer 714f.
[244]) So Preiser NJW 1956, 1221.
[245]) So auch Richard Lange NJW 1953, 1161ff. (1163).
[246]) Hellmer 715; vgl. neuerdings ausführlich Kaufmann JZ 1958, 297ff., der im wesentlichen mit unserer Ansicht übereinstimmt und nur in der Frage des Widerrufs abweicht.
[247]) BGH JZ 1956, 101 — 4 StR 372/55 —. Im Ergebnis auch BGH JR 1954, 227 — 5 StR 616/53 —; ferner BGH — 1 StR 543/53 — und — 3 StR 236/54 — beide zitiert von Bruns GA 1956, 237.

führt: „Die Anordnung über die Strafaussetzung zur Bewährung hat bei der Prüfung der Frage einer etwaigen Schlechterstellung außer Betracht zu bleiben. Die Strafaussetzungsentscheidung (§§ 23f. StGB, 20f. JGG) betrifft die Vollstreckung, nicht aber die Strafe, wie sie § 358 Abs. 2 Satz 1 vor Augen hat. Zudem kann die Aussetzung widerrufen werden (§§ 25 Abs. 2 StGB, 26 Abs. 2 JGG)."

Nach Hennke[248]) würde es dem Verschlechterungsverbot widersprechen, wollte der Zweitrichter die Strafe unter Zubilligung der Aussetzung erhöhen. An anderer Stelle hatte sich der Bundesgerichtshof[251]) mit der Frage zu beschäftigen, ob aus einer Bewährungsstrafe und einer Vollstreckungsstrafe eine Gesamtstrafe gebildet werden könne. Das hängt ebenfalls davon ab, ob beide Strafen gleicher Art sind. Er hat — im wesentlichen auf Mittelbach[249]) und Eckels[250]) fußend — ausgeführt, daß das geltende Recht in den §§ 23 bis 25 StGB den Lisztschen Reformgedanken nur teilweise verwirklicht habe. Die Strafaussetzung zur Bewährung lasse das System der Freiheitsstrafen unberührt[251]).

Preiser[252]) sieht die Streitfrage bereits im Sinne der zuletzt genannten Rechtsprechung als erledigt an und teilt mit[253]), daß sowohl das Oberlandesgericht Hamm als auch das Landgericht Göttingen[254]) „unter dem Eindruck der Ausführungen des Bundesgerichtshofes" ihre abweichenden Meinungen aufgegeben hätten.

In einer zusammenfassenden Darstellung des Streits kommt neuerdings Kaufmann[255]) zu demselben Ergebnis.

B.

Der herrschenden Meinung ist beizupflichten.

I.

Die Ansicht Meisters kann in der Tat nicht gehalten werden, nachdem die Entscheidung über die Strafaussetzung in die Hand des Richters gelegt ist und mit dem Urteilsspruch verbunden werden muß[256]). Neben ihr kann die Verwaltung weiter Strafen im Gnadenwege erlassen.

---

248) Hennke DRiZ 1955, 5, der dort BGH — 3 StR 121/53 — für seine Meinung anführt.

249) Mittelbach JR 1955, 5ff.

250) Eckels NJW 1954, 1672ff.

251) BGHSt. 7, 180 (184) — 3 StR 189/54 —; so auch OLG Oldenburg MDR 1955, 436 Nr. 445 — Ss. 18/55 — mit knapper Darstellung der Streitfrage für das Gebiet der reformatio in peius.

252) Preiser NJW 1956, 1221.

253) Preiser 1222 Fußnote 4.

254) Vgl. die Fußnote 227.

255) Kaufmann JZ 1958, 297ff.

256) So auch KMR 3. Aufl. § 331 Anm. 4a; Eberhard Schmidt § 331 Anm. 25.

II.

Gegen die Rechtsnatur der ausgesetzten Strafe als einer Sicherungsmaßregel spricht eindeutig die Stellung der §§ 23 bis 25 StGB im Abschnitt „Strafen" des Strafgesetzbuches. Diese Ansicht ist teilweise nicht voll ausgeprägt, teilweise beruht sie auf grundlegend anderen Auffassungen vom Strafensystem überhaupt, die den noch nicht überwundenen Dualismus der Unrechtsfolgen schon heute leugnen.

III.

Die Ansicht Jaguschs eilt der Zeit voraus und erklärt sich „psychologisch wohl daraus, daß schon vor der Schaffung des heutigen § 23 ähnliche ausländische Rechtsinstitute vorhanden waren und Bestrebungen dahin gingen, die Rechtsentwicklung im Gebiet der Bundesrepublik ebenso weit voranzutreiben wie im Auslande"[257]). Vom heutigen System her trifft sie noch nicht zu[258]).

IV.

Zu welchen einzelnen Abschattierungen die Vertreter der herrschenden Meinung und die Rechtsprechung für den einzelnen Fall kommen, kann hier dahinstehen. Sie werden möglicherweise im dritten Teil dieser Arbeit eine Rolle spielen, wenn die einzelnen Fälle untersucht werden.

Fest steht sonach, daß die zur Bewährung ausgesetzte Strafe keine andere Strafart ist, als die Freiheitsstrafe gleichen Namens. Diese wird vielmehr nur in ihrer Vollstreckung verändert, wie denn auch § 23 Abs. 1 StGB davon spricht, daß „die Vollstreckung" ausgesetzt werden könne.

C.

Endlich müssen aber auch wir von unseren bisherigen Ergebnissen für das Gebiet des Verschlechterungsverbots dazu kommen, zwischen der Festsetzung der Strafe einerseits und der Entscheidung über die Aussetzung der Vollstreckung andererseits scharf zu scheiden.

Beide Entschlüsse des Richters schlagen sich in verschiedenen Gliedern des Urteilstenors nieder. Da wir aber die beiden Urteilsformeln in ihren einzelnen sich entsprechenden Gliedern miteinander vergleichen[259]), müssen wir uns bereits schlüssig werden, ob im Spruch des Rechtsmittelrichters ein „Nachteil" nach Art und Höhe der Strafe liegt, ehe wir die Entscheidungen über die Aussetzung der Vollstreckung miteinander vergleichen.

---

[257]) Preiser NJW 1956, 1221.

[258]) So auch BGHSt. 7, 180 (184) — 3 StR 189/54 —. Jagusch selbst hält seine Ansicht in LK § 23 StGB Anm. 4b nicht mehr aufrecht; vgl. dort auch Bem. 1 vor § 23 StGB.

[259]) Siehe Kapitel 5; im Ergebnis ebenso Kaufmann JZ 1958, 297ff.

Die höchstrichterliche Rechtsprechung bestätigt unsere Definition auch in diesem Punkte.

Das im vorigen 7. Kapitel gewonnene Strafensystem braucht daher nicht geändert zu werden.

Kapitel 9

Die übrigen Unrechtsfolgen

A.

Bot das Gesetz im Bereiche der Hauptstrafen mannigfache Anhaltspunkte, so verläßt es den, der danach sucht, bei den Nebenstrafen. Diese werden hauptsächlich von den besonderen Tatbeständen des Strafgesetzbuches angedroht und finden in deren Charakter ihre Grundlage. Sie sind so verschiedener Art und dienen so vielfältigen Zwecken, daß jeder Versuch, sie ihrer Schwere nach in ein System zu bringen, von vornherein scheitern muß. Sie sind unvergleichbare Größen und können deshalb zueinander nicht in Beziehung gesetzt werden[260]).

B.

Diesen Grundsatz hat das Reichsgericht[261]) auch für die Maßregeln der Sicherung und Besserung aufgestellt, wenn es die Entmannung mit der Sicherungsverwahrung vergleicht und mit eingehender Begründung ausführt, daß es an einem dem § 21 StGB entsprechenden Maßstabe für die Maßregeln fehle und daß insbesondere für Entmannung und Sicherungsverwahrung nicht gesagt werden könne, „daß die eine oder andere Maßnahme an sich leichter oder schwerer" sei „als die andere . . .". Deshalb müßten diese Fälle für das Verschlechterungsverbot so angesehen werden, als wenn im zweiten Urteil die Maßregel neu ausgesprochen worden wäre. Das sei aber unzulässig.

Gegen diese Auffassung wendet sich Oetker[262]). Er meint, Strafen und Maßregeln seien so verschiedenartig, daß sich ihre unterschiedliche Be-

---

[260]) Gerber 23ff.; v. Kries Rechtsmittel 116f.; Silber 69. Eigenartig Dalcke 35. Aufl. § 358 Anm. 2: Sicherungsverwahrung und Abführung des Mehrerlöses seien als Strafen im Sinne des Verbots zu fingieren („gilt"), eine Meinung, die aus ihrem falschen Ausgangspunkt zu erklären ist, da sie das Verbot nur für echte Strafen gelten läßt. Vgl. auch Bernoulli 40ff. Eberhard Schmidt § 331 Anm. 16 spricht für diesen Zusammenhang von der Ununterscheidbarkeit der Haupt- und Nebenstrafen.

[261]) RGSt. 69, 76 (78f.) — 2 D 1384/34 —; vgl. weiter RG DJ 1935, 849 — 2 D 7/35 — und Fußnote 56.

[262]) Oetker JW 1935, 1417 zu Nr. 17 = LS des Urteils RGSt. 69, 76.

handlung auch im Bereiche der Verbotsvorschriften aufdränge. Zwar bestehe zwischen ihnen in der Tat keine Relation nach ihrer Schwere[263]). Weil aber nach ständiger Übung der Praxis von mehreren möglichen Maßregeln diejenige gewählt werden müsse, die dem Sicherungs- oder Besserungszweck am besten gerecht werde, seien die Maßregeln nach ihrem Zweckgedanken gleichwertig. Man müsse sie also auch im Bereiche des Verbots der reformatio in peius als gleichwertig behandeln. Das aber führe dazu, ihren Austausch untereinander zuzulassen.

Ein Urteil des Bundesgerichtshofes, das die Ersetzung der Unterbringung in einer Heil- und Pflegeanstalt durch die Sicherungsverwahrung entgegen dem Wortlaut des § 358 Abs. 2 Satz 2 zuläßt[264]), nimmt Bruns[265]) zum Anlaß, diese These Oetkers aufzugreifen und zu untermauern. Er führt aus: die grundlegende Entscheidung des Reichsgerichts[261]) modele das Verschlechterungsverbot in ein Verbesserungsgebot um[266]), weil nach ihr der Angeklagte von jeglicher Maßregel verschont bleibe, wenn sich in der neuen Hauptverhandlung ergebe, daß die Maßregel des Erstrichters fehlerhaft angeordnet war; denn nach herrschender Meinung[267]) müsse alsdann diese Maßregel beseitigt und eine neue dürfe nicht verhängt werden. „Dieses Ergebnis . . . ist geeignet, das an sich berechtigte Verschlechterungsverbot in Mißkredit zu bringen"[268]). Bruns greift sodann Oetkers Lösungsvorschlag auf und hält ihn für wesentlich solider als die „halsbrecherischen Erwägungen des Bundesgerichtshofes"[268]), der sich lediglich auf den Zweck des Verbots berufe. Dieses Urteil stehe auch gar nicht allein; denn schon das Reichsgericht habe einmal in seinen Weisungen nach § 358 Abs. 1 an das Untergericht erklärt, daß im Zweiturteil an die Stelle der Sicherungsverwahrung die Entmannung treten dürfe[269]). Allerdings sei diese Lösung sehr kühn. Sie könne auch nicht ausnahmslos gelten; denn sicherlich seien Berufsverbot oder Entziehung der Fahrerlaubnis der Sicherungsverwahrung nicht gleichzuachten.

Bruns schlägt denn auch de lege ferenda vor[270]), die Auswechselung der einzelnen Maßregeln gesetzlich zu gestatten.

Beide Bemerkungen zeigen, daß Bruns sich de lege lata bei seiner Austauschtheorie selbst unsicher fühlt.

---

[263]) So auch — keine gesetzliche Abstufung der Maßregeln des § 42a StGB nach ihrer Schwere — RG HRR 1936 Nr. 1545 — 1 D 455/36 —; RG JW 1939, 619 Nr. 3 — 2 D 855/38 —; neuerdings auch BGHSt. 5, 313 — 4 StR 755/53 —; zust. Bruns JZ 1954, 732.

[264]) BGHSt. 5, 313 (316f.) — 4 StR 755/53 —; dagegen scharf ablehnend Eberhard Schmidt § 331 Anm. 23.

[265]) Bruns JZ 1954, 730ff.

[266]) Bruns 736.

[267]) So auch Dallinger, MDR 1954, 334.

[268]) Bruns 736.

[269]) RGSt. 69, 129 (131f.) — 1 D 1326/34 —

[270]) Bruns 737 unter III.

Seine Ausnahmen müssen notwendig gemacht werden, lassen aber schon an der Richtigkeit des Grundsatzes zweifeln. Dieser Grundsatz steht weiter, wie auch der Bundesgerichtshof selbst gesehen hat[264]), mit dem Wortlaut der Verbotsvorschriften in krassem Widerspruch.

Zudem hat Bruns bei beiden höchstrichterlichen Entscheidungen, deren Ergebnisse er für seine Meinung ins Feld führt, eines wenn auch nicht übersehen, so doch an anderer Stelle — nämlich zur Frage des subjektiven Maßstabes — gewürdigt: in der Entscheidung des Reichsgerichts hatte der in erster Instanz zu Sicherungsverwahrung verurteilte Angeklagte „sich mit der Entmannung einverstanden erklärt und sie sogar beantragt"[269]). Auch der Angeklagte, der vor dem Bundesgerichtshof stand, hatte die Ersetzung der Unterbringung durch die Sicherungsverwahrung angestrebt, ja auch dieser Wunsch hatte sich bis zum „förmlichen Antrag verdichtet", wie Bruns selbst schreibt[271]). Dieses Streben kann sehr wohl als ausdrücklicher Verzicht auf den Schutz der Verbotsvorschriften ausgelegt werden. Dieser Verzicht ist auch rechtswirksam, wie aus folgender Überlegung erhellt:

Die Verbotsvorschriften gewähren dem Angeklagten ein beneficium. Der Gesetzgeber hat sie ausschließlich in seinem Interesse aus Billigkeitsgründen erlassen. Das öffentliche Interesse an gerechter Urteilsfindung und tatangemessener Strafe steht ihnen gerade entgegen. Ein Verzicht bringt also ausschließlich dem Angeklagten Nachteile, während er den Grundsatz tatangemessenen Strafens wiederherstellt. Dann aber muß ein Verzicht möglich sein[272]). Hilfsweise sei zur Begründung auf die Verzichtbarkeit der Rechtsmittel hingewiesen. Diese dienen zwar auch dem Schutze des Angeklagten; ihr Hauptzweck ist es aber, die gerechte Urteilsfindung zu fördern. Können Angeklagter und Staatsanwalt aber auf diese Rechtsmittel verzichten, so muß der Angeklagte erst recht auf die Rechtswohltat des Verbots verzichten können.

In der Praxis wird man allerdings aus Gründen der Rechtssicherheit an die Verzichtserklärung des Angeklagten strengste Anforderungen stellen und etwaige Hinweise oder gar Aufforderungen zum Verzicht von seiten des Gerichts oder der Staatsanwaltschaft für unzulässig halten müssen[273]).

---

[271]) Bruns 732.

[272]) So auch Seibert MDR 1954, 340 (341); Kleinknecht-Müller § 331 Anm. 1f; a. A. ohne nähere Begründung Wolf Seite 4; a. A. auch RG HRR 1927 Nr. 1705 — 3 D 155/27 —, das § 331 für zwingend hält, weil er im allgemeinen Interesse gegeben sei; der Satz „volenti non fit iniuria" könne auf verfahrensrechtlichem Gebiete nicht angewendet werden; der Zustimmung des Angeklagten zu einer willkürlichen Abänderung öffentlich-rechtlicher, zwingender Vorschriften könne keine Bedeutung beigemessen werden. — Warum § 331 zwingenden Rechts sei, sagt das RG freilich nicht.

[273]) Da sachlich sowohl die eine als auch die andere Maßregel der beiden Urteile gerechtfertigt gewesen wäre, kann dieser Überlegung auch nicht mit dem Hinweis auf RGSt. 69, 12 (13f.) — 1 D 1222/34 — begegnet werden, wonach die Sicherungs-

Mit dieser Begründung der beiden Urteile fällt eine wesentliche Stütze der Austauschtheorie. Aber auch ihr Ansatz läßt sich untergraben. Hat der Angeklagte die tatbestandlichen Merkmale zweier Maßregeln verwirklicht, wie es in beiden Urteilen war, und hat sich der Erstrichter nur in der Auswahl geirrt, so könnte an Stelle der wegen des Verschlechterungsverbots unzulässigen, an sich richtigen Maßnahme auch die des Erstrichters bestehen bleiben. Die Sachlage ist hier keine andere, als wenn das Zweiturteil wegen Verbrechens schuldig spricht, aber die erstinstanzliche Haftstrafe bestehen lassen muß. Beide sachlichen Anomalien müssen wegen des Verbots hingenommen werden.

Danach sind also die Maßregeln ebenso unvergleichbare und unauswechselbare Größen wie die Nebenstrafen. Sie sind untereinander jeweils ein aliud, während die Hauptstrafen wegen ihrer Verbindung durch die Strafdrohungen der besonderen Tatbestände sowie durch die §§ 21, 27, 29 StGB zueinander im Verhältnisse des minus oder maius stehen.

C.

Vollends läßt sich die Kostenentscheidung nur für sich betrachten.

Auf alle diese Unrechtsfolgen kann daher nur aus der teilenden Betrachtungsweise[274]) gefolgert werden, daß ihre zeitliche Verlängerung, ihre Erhöhung verboten ist.

Sie können eben wegen ihrer Verschiedenartigkeit auch nicht miteinander vertauscht werden, soweit nicht die Ausnahmen des § 331 Abs. 2 eingreifen.

---

verwahrung nicht angeordnet werden darf, wenn die zweite Hauptverhandlung die volle Verantwortlichkeit des in erster Instanz als unzurechnungsfähig freigesprochenen Angeklagten ergibt und infolgedessen die Unterbringung sachlich nicht mehr gerechtfertigt ist. Diesem Urteil stimmen Löwe-R 20. Aufl. § 358 Anm. 6n zu; ablehnend Alfred Weber JW 1935, 934 zu Nr. 17.

[274]) Siehe oben Kapitel 5.

Dritter Teil

Einzelne Fälle

War es bisher unser Anliegen, den Begriff des Nachteils grundsätzlich zu bestimmen und sodann ein System der Unrechtsfolgen zu entwickeln, so soll der dritte Teil dieser Arbeit versuchen, die möglichen Einzelfälle zu lösen.

Dabei wird sich zeigen, ob die gefundene Definition mit der größtenteils gefestigten höchstrichterlichen Rechtsprechung übereinstimmt. Sie wird zur Lösung der Fragen dienen, die durch jüngere Gesetzesänderungen streitig geworden oder noch nicht entschieden sind.

Da dieser Teil der Arbeit der praktischen Rechtsanwendung dienen soll, beschränken wir uns im wesentlichen auf die Anführung der einschlägigen Rechtsprechung und der drei führenden Erläuterungswerke von Eberhard Schmidt, Löwe-Rosenberg und Kleinknecht-Müller-Reitberger.

Kapitel 10

Das Verbot bei den Hauptstrafen

A.

Besinnen wir uns auf das in Kapitel 7 entwickelte Schema der Hauptstrafen und erinnern wir uns weiter der dort für die Umrechnung der einzelnen Strafarten gefundenen Grundsätze, so folgen daraus für den Rechtsmittelrichter die nachstehenden Leitsätze[275]).

---

[275]) Aus den Verbotsvorschriften folgert der BGH im Bereiche der Veränderung des Schuldspruchs: „Wird auf eine unbeschränkt eingelegte Revision des Angeklagten das Urteil nur im Strafausspruch aufgehoben, so ist der Tatrichter an den rechtskräftigen Schuldspruch gebunden, selbst wenn die erneute Hauptverhandlung zum Strafausspruch ergibt, daß der Angeklagte schuldunfähig war." BGHSt. 7, 283 (186) — 4 StR 68/55 —. Dieser Leitsatz versteht sich m. E. aus der endgültigen Bindung des Richters an den Schuldspruch, hat aber mit dem Verbot nichts zu tun. Die Begründung, der Verlust der Strafmilderungsmöglichkeit des § 51 Abs. 2 StGB könne bei erneuter Nachprüfung der Schuldfrage zu einer Schlechterstellung des Angeklagten führen, geht fehl; denn selbst wenn die zweite Hauptverhandlung die Schuldunfähigkeit des Angeklagten ergäbe, könnte er ohne Verstoß gegen das Verschlechterungsverbot in einer Anstalt untergebracht werden.

I.

Eine leichtere Strafart darf nicht durch eine schwerere ersetzt werden[276]).

An die Stelle von Geldstrafe darf also keine Freiheitsstrafe, an die Stelle von Haft nicht Einschließung, von Einschließung nicht Gefängnis, von Gefängnis nicht Zuchthaus treten[277]).

II.

Eine Strafe darf bei gleichbleibender Art nicht erhöht werden[278]).

Beide Leitsätze verstehen sich von selbst. Sie sind die Fundamente des Verbots.

Aus dessen ratio folgt aber gleichzeitig, daß der Zweitrichter die Strafe nicht zu ermäßigen braucht[279]).

---

[276]) Vgl. auch OGHSt. 1, 74 (78f.) — StS 53/48 —, der inzidenter die Ersetzung der Zuchthausstrafe durch die Todesstrafe für unzulässig erklärt.

[277]) Selbstverständlich darf auch Haft nicht durch Zuchthaus ersetzt werden oder ähnlich.

[278]) Das OLG Hamburg ZStW 44, 636 — R II 189/23 — ließ es in den Zeiten der Geldentwertung zu, die Geldstrafe auf das Zehnfache heraufzusetzen, wenn es auch die Bedenken gegenüber dem Wortlaut des Gesetzes nicht verkannte. Wir müssen diese Entscheidung in ihrer Allgemeingültigkeit deshalb ablehnen, weil sie dem Angeklagten einen Strafregistervermerk mit längeren Tilgungsfristen eintragen kann, wenn das auch im konkreten Falle nicht zutraf. Feisenberger § 331 Anm. 1 stimmt dem OLG Hamburg zu; ähnlich auch RGSt. 57, 424 (430) — I 169/23 —; RGSt. 58, 205 (206f.) — IV 169/24 —; Recht 1924 Nr. 1053 — I 344/24 —; RGSt. 58, 312 (318) — I 486/24 —; wie hier im Ergebnis RG LZ 1924, 339 Nr. 6 — IV 174/23 —; JW 1924, 1774 Nr. 27 m. zust. Anm. Aschkanasy — 4 D 633/23 —; JW 1924, 1772 Nr. 25 m. abl. Anm. Peschke — 3 D 505/24 —; Hellwig JW 1923, 361; a. A. Alsberg JW 1924, 276 und 1703. Für die Währungsreform vom 21. 6. 1948 wie hier im Ergebnis LG Hagen NJW 1949, 318 Nr. 23 — 7 KMs 3/48 —; OLG Düsseldorf NJW 1949, 799 Nr. 23 (LS) — Ws. 121/49 (360) —; a. A. (Heraufsetzung 1:1) Brandstetter SJZ 1948, 786ff.

[279]) RG JW 1930, 69 Nr. 20 m. zust. Anm. Beling — 2 D 745/29 — (Ersetzung eines unzulässigen Strafzumessungsgrundes durch einen zutreffenden); OLG Köln MDR 1953, 440 Nr. 330 — Ss. 71/53 — (Zubilligung mildernder Umstände), zust. Eberhard Schmidt § 331 Anm. 8, KMR 3. Aufl. § 331 Anm. 3; RG Recht 1908, 321 Nr. 1933 — III 202/08 — (mildere Beurteilung); RG Recht 1911 Nr. 2697 — I 484/11 —, OLG Dresden SächsArch 1911, 370 — III 46/09 — (Anwendung eines milderen Gesetzes), zust. Löwe-R 20. Aufl. § 331 Anm. 4a; OLG Dresden SächsArch 1906, 64 (v. 10. 8. 1904) und LZ 1931, 125 Nr. 6 — 2 OSt 310/29 — (Umfang der Tat vom Zweitgericht geringer bemessen); KG GA 37, 231 (v. 20. 6. 1889) (Ausscheidung von Einzelakten einer Fortsetzungstat); RG WarnJahrb. 1916, 87, Nr. 2 (v. 13. 4. 1915) und SächsArch. 1917, 316 — 2 D 99/17 — (geringerer Schaden). Andererseits bleibt dem Angeklagten ein ungesetzlicher Vorteil (geringere Strafe als die gesetzliche Mindeststrafe) erhalten, OGHSt. 1, 152 (159) — StS 71/48 —. Hat ein Verurteilter eine Strafe verbüßt, wird aber dieses ihm gegenüber rechtskräftige Urteil gemäß § 357 aufgehoben, so muß die alte Strafe auf eine etwaige neue — bei Beachtung des § 21 StGB im Falle einer Umwandlung — angerechnet werden, RG JW 1929, 1007 Nr. 9 — 1 D 699/28 —; das folgt allerdings weniger aus dem Verbot, als vielmehr aus allgemeinen Grundsätzen der Rechtskraft und der Strafvollstreckung.

III.

Wird eine Strafart durch die nächstleichtere ersetzt, so darf diese nur um die Hälfte länger sein.

Das folgt aus § 21 StGB, der für diese Umwandlung auch im Bereiche des Verschlechterungsverbots gewohnheitsrechtlich gilt[280]).

Für das Verhältnis der Haft zu den anderen Freiheitsstrafen gilt dieser Maßstab aber nicht[281]). Vielmehr darf Haft nicht länger sein als früher verhängtes Gefängnis oder eine Einschließung[282]).

IV.

Wird eine Freiheitsstrafe durch Geldstrafe ersetzt, so ist

1. das vom Erstrichter gewählte Verhältnis eines Tages der Freiheitsstrafe zu einer bestimmten Summe Geldes auch im Zweiturteil zu wahren,

2. mangels dieses Verhältnisses der von den §§ 27, 29 StGB aufgestellte Maßstab einzuhalten[283]).

V.

1.

Eine neben Gefängnis unzulässigerweise angesetzte Geldstrafe darf das neue Urteil unter einem zutreffenden rechtlichen Gesichtspunkt bestehen lassen[284]); denn auch hier wird die Entschließungsfreiheit des Angeklagten für oder wider die Einlegung des Rechtsmittels nicht beeinträchtigt, weil allenfalls seine Erwartung, bessergestellt zu werden, enttäuscht werden kann.

2.

Damit verwandt ist der Fall[285]), daß eine nach dem angewendeten Strafgesetze materiell unzulässige Geldstrafe aufrechterhalten werden darf. Kommt das Berufungsgericht dazu, ein anderes Strafgesetz als der Erstrichter anzuwenden, das ausschließlich Gefängnisstrafe vorsieht, so darf es gleichwohl eine vom Erstrichter einem anderen Strafgesetze neben einer Gefängnisstrafe entnommene Geldstrafe bestehen lassen, wenn es die Strafe des Erstrichters mindestens beibehalten möchte. Das

---

[280]) Vgl. Kapitel 7 unter C I mit Nachweisen.

[281]) OLG Hamm NJW 1957, 1889 Nr. 18 — 3 Ss. 1077/57 —.

[282]) Vgl. Kapitel 7 unter C I 2 mit Nachweisen.

[283]) Vgl. Kapitel 7 unter C II 1 und 2; a. A. — unbegrenzte Geldstrafe zulässig — Löwe-R 20. Aufl. § 358 Anm. 6c; RGSt. 2, 205 (206) — II 1319/80, wenngleich das Reichsgericht auf Seite 207 einen Ansatz zu der hier vertretenen Lösung macht; a. A. auch deutlich OGHSt. 2, 187 (190) — StS 132/49 —.

[284]) Löwe-R 20. Aufl. § 358 Anm. 6b.

[285]) RGSt. 62, 77 (82) — II 760/27 —; vgl. dazu auch unsere Fußnote 71.

Reichsgericht erblickt in dem Verbote der reformatio in peius „zugleich die — somit auf dem Verfahrensrecht beruhende — Gewährung der Befugnis ..., die bisherigen Strafen auch dann wieder zu verhängen ... oder sie nicht abzuändern ..., wenn nach dem Strafgesetz nur eine schwerere Strafart oder ein höheres Strafmaß zulässig sein würde"[285]. Die materiellrechtliche Anomalie sei „kraft besonderer verfahrensrechtlicher Vorschrift statthaft" und müsse auch dann Platz greifen, wenn es sich um zwei Hauptstrafarten nebeneinander für dieselbe Tat handele. Auch hier wird der Angeklagte in seiner Entschlußfreiheit nicht behindert.

Dem Urteil ist beizutreten.

VI.

Einen besonderen Fall hatte das Reichsgericht im 61. Bande[286]) zu entscheiden. Das Ersturteil hatte wegen Meineides ein Jahr und neun Monate Zuchthaus verhängt, ohne von der Milderungsmöglichkeit des § 157 StGB Gebrauch zu machen. Das Zweiturteil hielt grundsätzlich eine Strafe von zwei Jahren und sechs Monaten Zuchthaus für angemessen und sprach das in seinen Gründen auch aus. Es setzte die Strafe aber gemäß § 157 StGB auf ein Jahr und drei Monate Zuchthaus herab. Das Reichsgericht hielt das Verschlechterungsverbot nicht für verletzt, weil diese „Einsatzstrafe" niemals zu verbüßen sei und deshalb die früher[287]) entwickelten Grundsätze nicht zuträfen.

Dieses Ergebnis ist nicht ganz unbedenklich, weil schon eine ideelle Minderung der Ehre des Angeklagten ein Nachteil im Sinne der reformatio in peius ist.

Äußerlich fühlbar wird ihn jedoch jene „Einsatzstrafe"[288]) nie treffen. Auch ihre Nennung in den Urteilsgründen als tatangemessen kann ihn aber letztlich nicht belasten, weil diese Nennung nur allgemein eine Tat dieser Ausprägung betreffen kann. Die eigentlich tatangemessene Strafe wird ja erst nach Anwendung des § 157 StGB ausgesprochen, und nur mit ihr wird die Strafwürdigkeit des Angeklagten bewertet. Im Ergebnis hat das Reichsgericht deshalb recht[289]).

VII.

Hat die kleine Strafkammer in einer Berufungsverhandlung über ein Urteil des Einzelrichters entschieden, gegen das gemäß §§ 313, 334 nur die Revision zulässig gewesen wäre, und hat sie dabei die Strafen des Einzelrichters herabgesetzt, so sind diese herabgesetzten Strafen jetzt

---

[286]) RGSt. 61, 383 — I 648/27 —.

[287]) RGSt. 26, 167 (169) — IV 2998/94 —.

[288]) ... die rechtlich keine ist; daher die Parenthese des Reichsgerichts.

[289]) Nicht unbedenklich dagegen RG GA 59, 133 — 2 D 128/11 —, wo das RG es für zulässig hält, eine höhere Strafe für angemessen zu erklären, wenn sie nur nicht im Urteilstenor verhängt werde.

Grenzen der Strafgewalt für den mit der Sache letztlich befaßten Revisionsrichter. Obwohl das Berufungsurteil unstatthaft war, äußert es doch diese dem Angeklagten günstige Rechtswirkung, weil es im Falle der Rechtskraft keineswegs nichtig gewesen wäre[290]. Der Revisionsrichter muß deshalb seinem auf Verwerfung der Revision lautenden Urteil hinzufügen, daß es bei den Strafen des Berufungsgerichts verbleibt.

B.

Diese Grundsätze gelten sinngemäß für die Ersatzfreiheitsstrafe (§ 29 StGB).

I.

Für sich betrachtet, darf sie ebensowenig erhöht werden wie die Geldstrafe, an deren Stelle sie tritt, wenn diese nicht beigetrieben werden kann[291].

Sie muß herabgesetzt werden — und das ist der einzige Fall echten Ermäßigungszwanges, in dem das Verschlechterungsverbot zum Besserungsgebot wird —, wenn die Geldstrafe herabgesetzt wird; denn der Rechtsmittelrichter muß sich an das Verhältnis halten, das der Erstrichter für Geldstrafe und Ersatzfreiheitsstrafe festgesetzt hatte[292].

II.

Hatte der Erstrichter auf eine Freiheitsstrafe erkannt, so darf der Zweitrichter, wenn er eine Geldstrafe in erster Linie für tatangemessen hält, die Ersatzfreiheitsstrafe weder der Art noch der Höhe nach schwerer bemessen als die ursprüngliche Freiheitsstrafe[293].

III.

Hatte der Erstrichter für eine Tat neben einer Freiheitsstrafe schon eine Geldstrafe ausgesprochen und dieser eine Ersatzfreiheitsstrafe unterstellt, so darf die Ersatzstrafe erhöht werden, wenn gleichzeitig die Freiheitsstrafe entsprechend herabgesetzt wird[294].

---

[290]) BayObLG NJW 1953, 756 Nr. 19 — 1 St 419/52 —; Eberhard Schmidt § 313 Anm. 4; KMR 3. Aufl. § 334 Anm. 2.

[291]) RG — III 115/31 —; Löwe-R 20. Aufl. § 331 Anm. 4a; KG GA 37, 79 — V 82/88 — (sonst freilich überholt); OLG Breslau GA 57, 237 — 3 S 288/04 —; OLG Posen Alsberg II, 298 Nr. 230 — S 67/01 —; Eberhard Schmidt § 331 Anm. 12.

[292]) a. A. OLG Celle NJW 1953, 1683 Nr. 23 — Ss. 591/52 —, oben Kapitel 7 unter C II 1 und Fußnote 190.

[293]) RG GA 50, 288 — III D 1138/03 —; Recht 1915 Nr. 1003 — III 704/14 —; KG DStrZ 8, 248 — I S 1149/20 —; OLG Colmar GA 51, 205 (v. 30. 9. 1902); OLG Dresden JW 1927, 2080 Nr. 37 — 2 OSt 7/27 — m. zust. Anm. Stern und Mannheim JW 1928, 432 zu Nr. 23; OLG Kiel SchlHA 1907, 320 (v. 19. 4. 1906); SchlHA 49, 138 — Ss. 322/48 —; OLG Naumburg GA 64, 175 — 3 S 224/12 —; OLG Hamburg ZStW 44, 636 — II 189/23 —; OGHSt. 2, 187 (190) — StS 132/49 —; Eberhard Schmidt § 331 Anm. 10.

[294]) RG Recht 1924 Nr. 1185 — II 467/24 —.

Das wird auch von der teilenden Betrachtungsweise nicht ausgeschlossen[295]).

IV.

Hatte der Erstrichter unter Verletzung des § 29 Abs. 1 Satz 1 StGB als Ersatzstrafart Gefängnis gewählt, obwohl auch die Ersatzstrafe Zuchthaus hätte sein müssen, so ist das Rechtsmittelgericht gehindert, diesen Fehler wieder zu beseitigen, und zwar auch dann, wenn es in Anlehnung an § 21 StGB die Ersatzzuchthausstrafe um ein Drittel niedriger bemessen will. Die einschlägige Entscheidung des Reichsgerichts[296]) mag in jenem Falle zweckmäßig gewesen sein. Rechtens ist sie nicht und hat auch im Schrifttum keinen Beifall gefunden[297]).

V.

War der Angeklagte im ersten Rechtszuge wegen mehrerer realkonkurrierender Taten zu einer Gesamtstrafe verurteilt worden, und will das Rechtsmittelgericht Geldstrafen verhängen, so darf es die Ersatzfreiheitsstrafen nicht auf eine Gesamtstrafe zurückführen, weil das deren Natur widerspricht[298]). Ließe es aber die ursprünglichen Einzelstrafen als Ersatzstrafen bestehen, so würde dem Angeklagten, falls er die Geldstrafen nicht bezahlen kann, länger die Freiheit entzogen als im Ersturteil; denn er müßte die Summe der Einzelstrafen verbüßen, die nach § 74 Abs. 3 StGB stets höher ist als die Gesamtstrafe. Der Rechtsmittelrichter muß deshalb die Ersatzstrafen kürzen, und zwar in dem Verhältnis, in dem sie früher als Einzelstrafen zur Gesamtstrafe standen[299]). Die Summe der Ersatzstrafen darf nicht höher sein als die alte Gesamtstrafe[300]).

VI.

Streit besteht darüber, ob eine im Ersturteil vergessene Ersatzfreiheitsstrafe vom Rechtsmittelrichter festgesetzt werden darf[301]) oder gar fest-

---

[295]) S. oben unter A VI und Kapitel 5 unter B II.

[296]) RGSt. 62, 186 — I 395/28 —: das RG stellt darauf ab, daß den Angeklagten die Rechtswirkungen der Zuchtshausstrafe ohnehin träfen, weil nur sie nach § 29 Abs. 1 StGB neben an erster Stelle verhängter Zuchthausstrafe zulässig sei; hier müsse § 21 StGB umgekehrt angewendet werden; zust. ohne eigene Begründung Löwe-R 20. Aufl. § 358 Anm. 6a.

[297]) Scharf ablehnend mit Recht Skanzoni JW 1928, 2146 zu Nr. 34.

[298]) KG JW 1929, 3031 Nr. 18 — 2 S 234/29 – m. zust. Anm. Bohne.

[299]) So der Sache nach, wenn auch für den Fall des § 27b StGB das KG wie Fußnote 298.

[300]) BayObLGSt. 1952, 239 — 1 St. 231/52 —; KMR 3. Aufl. § 331 Anm. 3b bb (1); für den Fall des § 27b StGB RGSt. 58, 235 — I 530/24 —; JW 1932, 60 Nr. 19 — 2 D 317/31 — m. zust. Anm. Klefisch; KG wie Fußnote 298; Eberhard Schmidt § 331 Anm. 10; a. A. OLG Dresden HRR 1930 Nr. 2044 — 1 OSt. 51/30 —.

[301]) BGH JZ 1952, 538 (LS) — 4 StR 485/51 —; Eberhard Schmidt § 331 Anm. 11; KMR 3. Aufl. § 331 Anm. 3a; Löwe-R 20. Aufl. § 331 Anm. 4a; Gerber 29f. kommt mit anderer Begründung zu demselben Ergebnis.

gesetzt werden muß[302]), oder ob diese Unterlassung nur im Beschlußverfahren nach den §§ 459, 462 ausgeglichen werden darf[303]).

Das Bayerische Oberste Landesgericht[304]) führt zur Begründung der letzteren Ansicht an, daß die Festsetzung der Ersatzfreiheitsstrafe ein Akt tatrichterlicher Strafzumessung sei. Entscheide aber das Berufungsgericht darüber, so hätte der Angeklagte bei der Ausgestaltung unseres Strafverfahrens nur eine Instanz, die sich insoweit mit der Strafzumessung befasse; denn diese Entscheidung könne nur begrenzt vom Revisionsgericht nachgeprüft werden. Demgegenüber gewähre das Beschlußverfahren zwei Instanzen. Den Angeklagten so in seinen Rechten zu verkürzen, sei nach dem Verschlechterungsverbot unzulässig.

Damit erhebt das Gericht diesen Verlust eines Rechtszuges zum Nachteil im Sinne der Verbotsvorschriften. Daran wird man aber zweifeln dürfen; denn wenn auch der Begriff des Nachteils nach dem Zwecke des Verbots weit auszudehnen ist, so trifft er doch nur Minderungen der Freiheit, des Vermögens und der Ehre des Angeklagten. Diese drei Rechtsgüter berührt aber der Verlust einer Instanz nicht. Richtiger sieht man mit dem Bundesgerichtshof in der nachträglichen Festsetzung der Ersatzfreiheitsstrafe durch das Berufungsgericht keine Benachteiligung; denn die Ersatzfreiheitsstrafe müßte im Falle der Uneinbringlichkeit der Geldstrafe ohnehin noch nachträglich im Beschlußwege festgesetzt werden, wie die §§ 459, 462 ergeben. Der Angeklagte müßte diese Benachteiligung also auch außerhalb dieses Hauptverfahrens hinnehmen.

Unsere Definition führt daher zu demselben Ergebnis wie der Gedankengang des Bundesgerichtshofes, wenngleich dessen Hilfsbegründung, es fehle insoweit überhaupt an einer richterlichen Entscheidung, und schon darum könne das Verschlechterungsverbot nicht gelten[302]), etwas sophistisch anmutet. Ob die Ersatzfreiheitsstrafe vom Rechtsmittelgericht festgesetzt werden m u ß[302]), ist für unsere Fragestellung bedeutungslos.

C.

Für die „an sich verwirkte Freiheitsstrafe" des § 27b StGB gilt das unter B Gesagte entsprechend. Sie ist von Gesetzes wegen Ersatzstrafe für die an ihrer Stelle ausgesprochene Geldstrafe (§ 29 Abs. 4 StGB).

I.

Diese Strafe ist „im verfügenden Teil des Urteils als solche erkennbar zu machen"[305]). Sie darf, weil sie die „an erster Stelle festzusetzende ... Freiheitsstrafe ist", nicht erhöht werden[306]).

---

302) BGH MDR 1957, 526 bei Dallinger ebenda — 2 StR 200/57 —.

303) BayObLG JW 1926, 1672 Nr. 2 — II 383/25 — m. Anm. F. Mayer.

304) BayObLG JW 1926, 1672 Nr. 2 — II 383/25. —.

305) RG JW 1927, 2716 Nr. 41 — I D 348/27 — m. zust. Anm. Stern.

306) RG wie Fußnote 305; ferner RGSt. 58, 235 — I 530/24 —; Hellwig LZ 1922, 311ff.; Arndt GA 1956, 75.

II.

Enthielt das Ersturteil eine Gesamtstrafe, so werden die früheren Einzelstrafen zu „an sich verwirkten Freiheitsstrafen" und damit zu Ersatzfreiheitsstrafen. Der Richter kann sie nunmehr nicht auf eine Gesamtstrafe zurückführen, weil sie „jeder selbständigen Bedeutung entkleidet werden"[307]). Das Kammergericht[308]) hält es nun für zulässig, die Einzelstrafen als an sich verwirkte Freiheitsstrafen bestehen zu lassen, auch wenn ihre Summe rechtsnotwendig die alte Gesamtstrafe übersteigt. Jedoch müßten besondere Ersatzfreiheitsstrafen — also außer den an sich verwirkten Freiheitsstrafen — festgesetzt werden, die entsprechend dem Verhältnis der Einzelstrafen zur Gesamtstrafe so zu kürzen sind, daß sie deren Länge zusammen nicht übersteigen.

Man mag diese Entscheidung insofern für unglücklich halten, als sie das Zusammenspiel der §§ 27b und 29 Abs. 4 StGB stört, möglicherweise die letztere Vorschrift auch verletzt[309]). Das Verschlechterungsverbot verletzt sie aber nicht; denn weder kann den Angeklagten eine längere Zeit der Verbüßung treffen — weil die besonders festgesetzten Ersatzfreiheitsstrafen zusammen nicht länger als die alte Gesamtstrafe sind — noch ist eines der Glieder des Ersturteils rein rechtlich verschärft worden.

D.

I.

Bei Tatmehrheit setzen sowohl die Einzelstrafen des Erstrichters als auch seine Gesamtstrafe dem Rechtsmittelrichter eine obere Grenze seiner Strafgewalt[310]).

1.

Die Einzelstrafen sind selbständige Urteilsglieder[311]) und dürfen deshalb nicht verschärft werden, weil sie als selbständig zu verbüßende Strafeinheiten in Betracht kommen, wenn in einer weiteren Rechts-

---

[307]) RGSt. 59, 21 — III 882/24 —; BayZ 1927, 390 — 1 D 414/27 —.

[308]) KG GA 74, 141 — 2 S 234/29 —; zust. Eberhard Schmidt § 331 Anm. 10.

[309]) Wie insbesondere ein Vergleich mit RG JW 1927, 2716 Nr. 41 — I 348/27 — nahelegt.

[310]) Vgl. die in Kapitel 5 unter A II angeführte Literatur — Fußnoten 124 bis 131 —; ferner Allg. Verw. Verfgg. des OLGPräsidenten zu Breslau vom 3. 2. 1932 JW 1932, 1790 (1798); irrig hier Bernoulli 42f.; für einen Sonderfall des § 79 StGB siehe RGSt. 36, 93 (95f.) — III 6181/02 —; ferner BayObLGSt. 1903, 1 (v. 4. 7. 1901); Eisner Recht 1909, 507f.

[311]) „Unterläßt der Tatrichter aus rechtsirrigen prozeßrechtlichen Erwägungen in der Urteilsformel die Freisprechung von Anklagepunkten, hinsichtlich deren er den Angeklagten als nicht überführt ansieht, so muß der Angeklagte für § 358 Abs. 2 StPO dennoch als freigesprochen angesehen werden." So OLG Hamm NJW 1956, 234 Nr. 18 (LS) — 2 Ss. 728/55 —. Andererseits hält das RG (RGSt. 19,

mittelinstanz oder im Wiederaufnahmeverfahren die Einzelstrafen wegen der anderen Taten wegfallen und damit auch keine Gesamtstrafe mehr vorhanden ist[312]).

2.

Die Gesamtstrafe darf nicht erhöht werden, weil der Angeklagte sie primär verbüßen muß[313]).

II.

Andererseits muß der Rechtsmittelrichter die Gesamtstrafe nicht deshalb ermäßigen, weil er den Angeklagten wegen einer oder mehrerer Einzeltaten freispricht; denn die Erwartung, nunmehr um eine oder mehrere Strafeinheiten bessergestellt zu werden, und deren etwaige Enttäuschung kann den Angeklagten nicht in seiner Entschließungsfreiheit hemmen[314]).

---

227 — II 1166/89 —) es für zulässig, im Wiederaufnahmeverfahren trotz § 373 Abs. 2 (damals § 413 Abs. 2) wegen einer im Eröffnungsbeschluß erwähnten, im Urteil des ersten Hauptverfahrens aber übersehenen Straftat zu verurteilen und eine Einzelstrafe festzusetzen. Dem ist zuzustimmen, weil bezüglich dieses Anklagepunktes noch gar kein Ersturteil im Sinne der Verbotsvorschriften in der Welt war. — Zutreffend weist das BayObLG (BayObLGSt. 1955, 160, 168 — 2 St. 293/55 —) darauf hin, daß die Einzelstrafe für eine Tat im Sinne der §§ 73, 74 StGB die Höchstgrenze für den Rechtsmittelrichter auch dann ist, wenn die Verfolgung der zweiten Tat sich in der zweiten Instanz wegen Verjährung als unzulässig erweist.

312) RGSt. 26, 167 (168) — IV 2998/94 — (grundlegend); GA 55, 316 — V D 284/08 —; JW 1914, 436 Nr. 61 — IV 833/13 —; RGSt. 53, 164 — IV 796/18 —; JW 1927, 2050 Nr. 78 — II D 160/27 — m. zust. Anm. Honig; RGSt. 61, 383 — I 648/27 —; HRR 1930 Nr. 187 — 3 D 1005/29 —; JW 1931, 198 Nr. 6 — 4 D 108/30 — m. zust. Anm. Doerr; HRR 1930 Nr. 2045 — 1 D 787/30 —; RGSt. 67, 236 (238, 243) — I 1067/32 —; BGHSt. 1, 252 (253f.) — 3 StR 224/51 —; BGHSt. 4, 345 (346) — 1 StR 726/52 —; NJW 1953, 1360 Nr. 28 — 1 StR 202/53 —; OLG Kiel JW 1930, 205 Nr. 84 — S 223/28 — mit insoweit zust. Anm. Oetker; KMR 3. Aufl. § 331 Anm. 3b bb (3); Löwe-R 20. Aufl. § 331 Anm. 4b, § 358 Anm. 6h; a. A. früher RGSt. 2, 202 — II 1733/80 —; RGRspr. 7, 378 — IV 1330/85 —; RGRspr. 9, 449 — IV 1970/87 —. Der Sachverhalt in RG BayZ 1930, 9 — 1 D 523/29 — ist so mißverständlich mitgeteilt, daß sich nicht sagen läßt, ob dieses Urteil hierhin gehört; falls ja, so kann ihm nicht beigepflichtet werden, weil es der sonstigen als richtig erkannten Rechtsprechung völlig widerspricht.

313) So schon vor Anerkennung der Einzelstrafen als selbständiger Urteilsglieder RGSt. 2, 202 — II 1733/80 —; RGRspr. 7, 378 — IV 1330/85 —; vgl. weiter für diesen Leitsatz RGSt. 46, 326 (327) — II 820/12 —.

314) So ausdrücklich BGHSt. 7, 86 (87) — 5 StR 638/54 — m. zust. Anm. Jagusch LM § 358 StPO Nr. 14; vgl. weiter BGH NJW 1953, 1360 Nr. 28; RGSt. 2, 205 (206) — II 1319/80 —; RGSt. 2, 202 — II 1733/80 —; RGSt. 24, 149 (150f.) — III 1391/93 —; GA 45, 425 (426) (II v. 25. 9. 1897); RGSt. 47, 166 — IV 421/13 — unter Bezugnahme auf RGSt. 24, 149; RGSt. 53, 164 — IV 796/18 —; RGSt. 56, 119 (121) — I 1767/20 —; — II 55/25 —, zitiert bei Löwe-R 20. Aufl. § 358 Anm. 6h; — II 117/27 —; — III 111/25 —, zitiert JW 1928, 2257 Nr. 56 — 3 D 360/28 — m. zust. Anm. Doerr; OLG Dresden SächsArch. 1906, 526 — III 29/06 —; Eberhard Schmidt § 331 Anm. 33; Keller 1878 § 372 Anm. 2c; Feisenberger § 331 Anm. 1; Kohlrausch 1922 § 372 Anm. 2; Daude 1912 zu § 372; Kleinfeller 608ff.; v. Kries Lehrbuch 662; Ullmann 599; a. A. (Ermäßigungszwang) v. Lilienthal HRL 315ff.; Bennecke-Beling 444 Anm. 35; Gerber 33ff.; RGRspr. 1, 25 — I D 117/79 —.

So weit reicht das Verbot der reformatio in peius.

Der hier in Rechtsprechung und Schrifttum[315]) meistens angeschlossene Satz, daß die Gesamtstrafe noch nach § 74 Abs. 3 StGB rechtens sein müsse, hat mit dem Verbot nicht das geringste zu tun. Wohl kann eine Verletzung des § 74 Abs. 3 StGB für sich dazu führen, daß das Urteil vom Revisionsgericht aufgehoben wird.

Der Angeklagte hat auch keinen Anspruch auf eine Ermäßigung der Gesamtstrafe, wenn eine der Einzelstrafen inzwischen verbüßt ist, weil der Erstrichter sie fälschlich nicht in die Gesamtstrafe einbezogen hatte[316]).

III.

Ist bei Tatmehrheit zwar ein Schuldspruch für eine der Taten ergangen, hat der Erstrichter es aber rechtsirrig unterlassen, eine Einzelstrafe für diese Tat festzusetzen, so soll nach der Ansicht des Bundesgerichtshofes[317]) der Rechtsmittelrichter den Ausspruch dieser Einzelstrafe nachholen dürfen, weil das Verbot der reformatio in peius nur gelte, wenn überhaupt Einzelstrafen ausgesprochen worden seien. Die Gesamtstrafe muß der Richter unangetastet lassen.

Das Reichsgericht[318]) will es zulassen, daß der Rechtsmittelrichter sämtliche Einzelstrafen selbst bestimmt, wenn der Erstrichter sie vergessen hatte. Es sieht eine Grenze nur in der erstinstanzlichen Gesamtstrafe[319]).

Diese Auffassung bedarf der näheren Begründung. Vorweg muß gesagt werden, daß sie einem billigenswerten Streben entspringt: ein auffälliger Fehler des erstrichterlichen Erkenntnisses soll beseitigt werden.

Ein Beispiel mag aber zeigen, daß die Ansicht des Reichsgerichts jedenfalls bei erster Betrachtung der Billigkeit zu widersprechen scheint: Das Schöffengericht hat den Angeklagten wegen dreier Taten zu einer Gesamtstrafe von einem Jahr und sechs Monaten Gefängnis verurteilt. Als Einzelstrafen hat es für die Tat I zehn Monate und für die Tat II sieben Monate Gefängnis gewählt, es aber unterlassen, für die Tat III eine Strafe festzusetzen.

Nach § 74 Abs. 3 StGB könnte der Rechtsmittelrichter für diese dritte Tat zwischen einem Monat und einem Tag Gefängnis als unterer und siebzehn Monaten und neunundzwanzig Tagen Gefängnis als oberer Grenze wählen.

---

[315]) RGSt. 32, 7 — II 5140/98 —; RGSt. 47, 166 (170) — IV 421/13 —; RGSt. 53, 164 — IV 796/18 —; OLG Dresden JW 1927, 2080 Nr. 37 — 2 OSt. 7/27 —; KMR 3. Aufl. § 331 Anm. 3b bb (3); Keller 1878 § 372 Anm. 2c.

[316]) RGSt. 32, 7 (10) — II 5140/98 —.

[317]) BGHSt. 4, 345 (346) — 1 StR 726/52 — m. zust. Anm. Jagusch LM § 358 StPO zu Nr. 11; Eberhard Schmidt § 331 Anm. 34.

[318]) RG HRR 1931 Nr. 1828 — 2 D 413/31 —.

[319]) Zust. ohne eigene Begründung Löwe-R 20. Aufl. § 331 Anm. 4b.

Glaubt er, daß die Strafen für die Taten I und II zu milde bemessen seien, so könnte ihn das verleiten, zu dem noch möglichen Höchstmaß zu greifen, um diesen „Fehler" des Erstrichters auf einem Umwege auszugleichen. Er könnte also die vergessene Einzelstrafe zur Einsatzstrafe machen. Fielen nun in einem Wiederaufnahmeverfahren die Taten I und II mit ihren Einzelstrafen weg, so müßte der Angeklagte jetzt fast die ganze alte Gesamtstrafe für eine einzige Tat verbüßen, nämlich achtzehn Monate minus ein Tag.

Sicherlich verletzte ein solches Verfahren das Gerechtigkeitsgefühl. Widerspricht es aber auch dem Verschlechterungsverbot?

Wir hatten gesehen, daß dieses Verbot dem Angeklagten die Freiheit wahren soll, sich für oder gegen die Einlegung eines Rechtsmittels ohne Furcht vor höherer Strafe zu entscheiden.

In unserem Beispiel könnten zwei Gründe das Entschlußvermögen des Angeklagten hemmen, nämlich einmal die Furcht, daß überhaupt eine Einzelstrafe nachträglich ausgesprochen, zum anderen, daß sie so hoch wie die Gesamtstrafe bemessen wird. Ob der erste Grund, also die Befürchtung, die vergessene Einzelstrafe könnte nachgeholt werden, wirklich hemmend auf den Angeklagten einwirken kann, ist mehr als zweifelhaft. Der Angeklagte weiß aus der Verkündung des Urteils erster Instanz, daß er der Straftat III schuldig gesprochen ist und für sie Strafe empfangen muß. Auch in seiner Vorstellung sind Schuldspruch und Strafe miteinander verknüpft. Legt er Berufung ein, so rechnet er auch damit, daß die zum ergangenen Schuldspruch gehörende Einzelstrafe nachträglich festgesetzt wird. Bis hierher wird seine Entschließungsfreiheit nicht beeinträchtigt. Zulässig ist es deshalb, vergessene Einzelstrafen im Zweiturteil nachzuholen[320]). Damit wird vermieden, daß der Rechtsmittelrichter eine offenbar gesetzeswidrige Entscheidung des ersten Rechtszuges verewigen muß. Zum anderen kommt es nicht hinsichtlich der einen Straftat zu einem reinen Schuldurteil ohne Strafzumessung. Zwar führt das Verbot der reformatio in peius häufig dazu, daß materielle Strafrechtsnormen verletzt werden, weil es deren Strafdrohungen modifiziert. Es führt aber nirgends dazu, daß ein heute noch systemfremder Urteilstypus, ein reines Feststellungsurteil geschaffen wird. Zudem sollte man die strafrechtlichen Absonderlichkeiten nur soweit hinnehmen, als sie vom Zweck des Verbots getragen werden. Der trifft aber hier nicht zu.

Aber auch der zweite Grund für eine mögliche Furcht des Angeklagten ist nicht stichhaltig. Selbst wenn der Rechtsmittelrichter die vergessene Einzelstrafe so hoch bemißt wie die Gesamtstrafe, so kann den Angeklagten kein größeres Übel treffen als nach dem Urteil des Vorderrichters: seine Freiheit wird ihm nicht länger entzogen. Wird das Urteil des

---

[320]) Das OLG Hamburg (GA 70, 54 — II 27/25 —) hält das für unzulässig und will es dem Rechtsmittelrichter zur Pflicht machen, die Sache nach § 328 Abs. 2 an das Erstgericht zurückzuverweisen, damit dieses die Einzelstrafen festsetze.

Rechtsmittelrichters vollstreckt, verbüßt er die alte Gesamtstrafe. Fallen in einem Wiederaufnahmeverfahren die Taten I und II mit ihren Einzelstrafen weg, so verbüßt er nun zwar die lange nachgeholte Einzelstrafe. Diese ist aber auch nicht länger als die alte Gesamtstrafe.

Das in unserem Beispiel geschilderte Verfahren des Rechtsmittelrichters verstößt also nicht gegen das Verbot, mag es auch nicht zu billigen sein. Entsprechendes gilt, wenn der Erstrichter überhaupt keine Einzelstrafen festgesetzt hatte. Auch hier darf der Zweitrichter die Einzelstrafen bis zur Höhe der Gesamtstrafe bemessen.

IV.

Hatte der Erstrichter den Angeklagten irrig außer wegen der Tat noch wegen Anstiftung eines Mittäters zur Teilnahme oder wegen einer mitbestraften Nachtat verurteilt, so soll der Zweitrichter die Strafe wegen der Tat erhöhen dürfen; Grenze soll die bisherige Gesamtstrafe sein[321]).

Das kann wegen des Grundsatzes der teilenden Methode nicht richtig sein.

Der Erstrichter hatte beide „Taten" als selbständig behandelt. Sie wären es auch gewesen, wenn der Täter wegen der zweiten (Anstiftung zur Teilnahme oder mitbestrafte Nachtat) aus Rechtsgründen (Konkurrenzgründen) nicht hätte frei ausgehen müssen.

Der Rechtsmittelrichter muß deshalb das selbständige Urteilsglied „Strafe für die Tat" von dem zweiten Urteilsglied „Strafe für die Anstiftung zur Teilnahme (die straflose Nachtat)" trennen und darf deshalb die für die Tat gesetzte Einzelstrafe nicht erhöhen.

Keineswegs sind diese Fälle verwandt mit jenen, in denen eine vom Erstrichter angenommene Tatmehrheit vom Zweitrichter als einheitliche Handlung gewertet wird, und in denen nur die erstinstanzliche Gesamtstrafe die obere Grenze für die vom Zweitrichter zu verhängende einheitliche Strafe bildet. Wenn das Reichsgericht[322]) hier eine Verwandtschaft festzustellen glaubt, so beachtet es dabei nicht den Begriff der Tat im Sinne der §§ 73, 74 StGB[323]). Während nämlich dort das gesamte Verhalten des Angeklagten als eine einheitliche Handlung im Sinne jener Vorschriften bewertet wird, stehen hier die aus Rechtsgründen straflos bleibenden Handlungen des Angeklagten sachlich im Verhältnisse der Tatmehrheit. Diese Fälle gleichen also jenen, in denen der Zweitrichter den Angeklagten wegen einer der mehreren realkonkurrierenden Straftaten freispricht[324]).

---

[321]) RGRspr. 2, 239 — III 1903/80 —; RGSt. 62, 61 (63) — I 139/28 —; HRR 1931 Nr. 388 — II 892/30 —; RGSt. 67, 273 (275) — III 598/33 —; Löwe-R 20. Aufl. § 358 Anm. 6g.

[322]) RGSt. 67, 236 (242) — I 1067/32 —.

[323]) Richtig dagegen, wenn auch in anderem Zusammenhang, RG JW 1934, 2339 Nr. 11 — 2 D 370/34 —.

[324]) Hier: aus Rechtsgründen freisprechen muß.

Es kommt also entscheidend darauf an, ob mehr als zwei „Straftaten" gegeben waren; denn waren es nur zwei, so entfällt mit der Strafe für die „Anstiftung zur Teilnahme (zur Nachtat)" auch die Gesamtstrafe. Als Grenze bleibt nur die Einzelstrafe.

Demgegenüber kann die Begründung des Reichsgerichts nicht durchgreifen, wenn es ausführt[325]), der Richter müsse in die Lage versetzt werden, die Strafe mit Rücksicht auf die in der straflosen Nachtat liegende weitere Folge des deliktischen Handelns höher zu bemessen. Das mag zwar sonst gerade für die straflose Nachtat zutreffen, deren Unrechtsgehalt durch die Strafe für die Tat mit abgegolten werden soll[326]). Das Verbot verhindert aber, daß diese an sich richtige sachliche Erwägung durchdringt.

V.

War die Gesamtstrafe falsch so berechnet worden, daß sie unter dem von den §§ 74, 79 StGB vorgesehenen Mindestmaß lag, so müssen diese Vorschriften hinter dem Verbot der reformatio in peius zurücktreten. Dem Angeklagten bleibt der aus dem Rechtsirrtum des Vorderrichters gewonnene Vorteil erhalten[327]).

E.

Hat der Angeklagte mehrmals gegen dasselbe Gesetz verstoßen, und stehen die einzelnen Akte in Fortsetzungszusammenhang oder bilden sie ein Dauerdelikt, so muß das Gericht eine Einheitsstrafe verhängen.

I.

Diese Einheitsstrafe ist alsdann die Grenze, die der Rechtsmittelrichter nicht überschreiten darf, wenn er nicht gegen das Verbot der reformatio in peius verstoßen will.

Dieser Grundsatz gilt zunächst einmal dann, wenn die Zahl der Einzelakte in der zweiten Hauptverhandlung dieselbe bleibt.

II.

Er gilt aber auch, wenn der Rechtsmittelrichter den Angeklagten weiterer Einzelakte schuldig spricht, soweit diese vor der Verkündung des Ersturteils begangen worden sind.

---

[325]) RGSt. 67, 273 (275f.) — III 598/33 —; irrig daher auch RG JW 1933, 439 Nr. 25 — 2 D 985/32 —; richtig dagegen RGSt. 62, 74 (76) — I 4/28 —, weil dort die durch Subsidiarität ausgeschlossene Beihilfehandlung zur verbleibenden Anstiftung im Verhältnisse der Tateinheit stand; richtig auch RGSt. 33, 401 (402) — I 2692/00.

[326]) Und die darum richtiger „mitbestrafte Nachtat" heißt.

[327]) BGHSt. 8, 203 — 3 StR 369/55 — m. zust. Anm. Jagusch LM § 79 StGB zu Nr. 15; Eberhard Schmidt § 331 Anm. 36; diesen Gedanken entwickelt weiter OLG Braunschweig NdsRpfl. 1957, 248 — Ss. 137/57 —.

Auch diese später bekannt gewordenen Einzelakte sind Teil der einheitlich fortgesetzten Handlung. Wäre das Ersturteil rechtskräftig geworden, so hätte der Staatsanwalt sie nicht mehr besonders anklagen können. Die Rechtskraft des Urteils hätte auch sie erfaßt. Den Angeklagten kann also ihretwegen außerhalb dieses Hauptverfahrens kein Nachteil treffen. Er darf es deshalb auch nicht in diesem Hauptverfahren.

Sicherlich ist dieses Ergebnis kriminalpolitisch unerwünscht. Es folgt aber notwendig aus der von den Verbotsvorschriften gesetzten einseitigen Bindung des Rechtsmittelrichters[328]).

Hatte dagegen das Ersturteil bei einer nach Anklageschrift und Eröffnungsbeschluß aus drei Einzelakten bestehenden fortgesetzten Handlung wegen zweier unselbständiger Fälle in Fortsetzungszusammenhang verurteilt, in seinem Spruch den dritten Einzelakt aber überhaupt nicht erwähnt, so darf das Zweiturteil die erstinstanzliche Einheitsstrafe bestehen lassen, wenn es nunmehr die beiden Einzelakte des Ersturteils als nicht erwiesen ansieht, aber wegen des dritten, im Eröffnungsbeschluß erwähnten unselbständigen Falles verurteilt[329]).

Das folgt aus dem unlösbaren Zusammenhang der Einzelakte, die eine Tat sind und für die auch nur eine Strafe ausgesprochen wird.

Wenn sich das Oberlandesgericht Tübingen weiter darauf beruft, daß die dritte Einzelhandlung Gegenstand des Eröffnungsbeschlusses und damit dem Angeklagten bekannt war, so deutet es auf die ratio des Verschlechterungsverbots hin.

III.

Anders dagegen sind die Fälle zu behandeln, in denen der Angeklagte im Rahmen seines Gesamtvorsatzes sein strafbares Tun nach der Verkündung des Ersturteils fortsetzt, indem er weitere Einzelakte begeht, wie er es von vornherein vorgehabt hat. Sachlich fallen diese späteren Einzelakte in den Fortsetzungszusammenhang hinein[330]).

1.

Kriminalpolitisch notwendig ist es, den Angeklagten ihretwegen nicht nur schuldig zu sprechen, sondern ihn auch zu bestrafen. Denn ginge er straflos aus, so wäre das für Berufsverbrecher geradezu ein Anreiz, nach Verkündung des Ersturteils ihr strafbares Verhalten fortzusetzen.

Über diese Notwendigkeit war man sich von jeher einig[331]).

---

[328]) RGSt. 67, 63 (64) — II 1276/32 —; KMR 3. Aufl. § 331 Anm. 3.

[329]) OLG Tübingen NJW 1953, 1605 Nr. 32 — Ss. 52/53 — vgl. ferner BayObLGSt. 1932, 78 — II 207/31 —; RG GA 54, 421 — 3 D 118/07 —; KMR 3. Aufl. § 331 Anm. 1c.

[330]) Vgl. zum folgenden Gelbert DJ 1936, 1335ff. (zusammenfassend und für die Zeit nach 1934).

[331]) Nur Eberhard Schmidt § 364 Anm. 11 will in diesem Dilemma zwischen ne bis in idem und Verschlechterungsverbot gelegentliche Unebenheiten hinnehmen.

2.

Die Wege zu einem entsprechenden Ergebnis waren verschieden.

a) Das Reichsgericht[332]) hatte sich zunächst so geholfen, daß es der Verkündung des Ersturteils eine besondere, sachliche Wirkung beilegte: es „fingierte" eine Unterbrechung des Gesamtvorsatzes mit der Folge, daß es in den Einzelakten vor und denen nach dem Urteilserlaß je eine selbständige Handlung sah. Dabei ging es davon aus, daß der Zeitpunkt des Eintritts der förmlichen Rechtskraft, wenn er eingetreten wäre, die Fortsetzungstat geteilt hätte. Dann aber hätten die späteren Einzelakte zum Gegenstand eines neuen Strafverfahrens gemacht werden können, weil sie rechtlich als neue Tat zu beurteilen wären. Es könne aber — so fährt das Reichsgericht fort — nicht im Belieben des Angeklagten stehen, durch einseitigen Gebrauch eines Rechtsmittels seinen Straftaten eine andere rechtliche Beurteilung zu verschaffen. Deshalb müßten die späteren Einzelhandlungen auch dann als neue Straftat angesehen werden, wenn das Ersturteil in höherer Instanz aufgehoben werde. Da aber das Verbot der reformatio in peius verbiete, den Angeklagten wegen der späteren Einzelhandlungen härter zu strafen, könne diese unannehmbare Folge nur so vermieden werden, daß man die Verfolgung dieser Einzelakte als besonderer Tat im Sinne des § 74 StGB gesondert zulasse[333]).

b) Hatte das Reichsgericht diese Konstruktion später selbst schon nicht mehr voll aufrechterhalten[334]), so hat der Bundesgerichtshof vollends mit ihr gebrochen[335]). Er sieht in ihr einen Verstoß gegen den

---

[332]) RGSt. 42, 372 (374) — II 421/09 — für den Fall der Zurückverweisung auf die Revision; RGSt. 49, 353 — V 139/14 — für den Fall der Berufung; — I 22/29 —, zitiert bei II 1242 und 1250/31 in Fußnote 334; bestätigend RGSt. 51, 241 (243) — IV 391/17 —; im Ergebnis ebenso, wenn auch mit der anderen Begründung, daß durch die Kenntnis von dem ergangenen Strafurteil dem Angeklagten ein neuer Entschluß zur Fortsetzung auferlegt werde, RGRspr. 3, 739 — II 2700/81 —.

[333]) BayObLG NJW 1955, 998 Nr. 22 — 1 St. 113/55 —; OLG Braunschweig GA 1955, 154 (155) — Ws (B) 112/54 —; OLG Bremen NJW 1954, 1695 Nr. 23 — Ss. 69/54 —; OLG Frankfurt NJW 1954, 1130 Nr. 22 — 2 Ss. 1021/53 —.

[334]) RG JW 1932, 2712 Nr. 10 — II 1242 und 1250/31 — m. zust. Anm. Oetker, der den Vorschlag macht, § 331 in diesem Sinne ausdrücklich zu ergänzen; anders als die Urteile der Fußnote 332 auch schon für die Rechtsmittel zuungunsten des Angeklagten RGSt. 51, 253 (255) — V 438/17 —, das die sachliche Rechtskraft und wie der BGH das letzte im Sinne des § 264 umgestaltungsfähige Urteil als maßgeblich bezeichnet. Vgl. weiter RGSt. 62, 130 (132) — II 976/27 —, das allerdings gerade aus § 331 eine Einschränkung herausliest. Vermittelnd — Einbeziehung späterer Einzelakte, wenn diese Einbeziehung nicht zu einer Erhöhung der vom Vorderrichter verhängten Strafe nötigt — das OLG Hamm NJW 1955, 313 Nr. 25 — (2) Ss. 1301/54 —; dagegen mit Recht BayObLG wie in Fußnote 333. Vgl. ferner OLG Düsseldorf LZ 1915, 388 Nr. 12 — S 234/14 —, das in der Sache entscheidet wie der BGH heute.

[335]) BGH NJW 1956, 1725 Nr. 19 — 6 StR 28/56 = BGHSt. 9, 324; zust. Kleinknecht-Müller Vorbem. 2 vor § 312.

Grundsatz des Artikels 103 Abs. 3 des Grundgesetzes, daß niemand wegen derselben Tat aufgrund der allgemeinen Strafgesetze mehrmals verfolgt werden kann. Dieser Grundsatz gebiete, „daß strafbare Vorgänge, die in einem abgeschlossenen Strafverfahren mitbehandelt werden konnten und mußten, auch dann nicht zum Gegenstand eines neuen Strafverfahrens gemacht werden dürfen, wenn sie der Strafverfolgungsbehörde erst hernach bekannt geworden sind[336])". Die Trennungslinie ziehe § 264 Abs. 1. Danach sei Gegenstand der Verurteilung die in der Anklage bezeichnete Tat, wie sie sich nach dem Ergebnis der Hauptverhandlung darstelle. Dieser Grundsatz gelte aber nach ständiger Rechtsprechung auch für das Berufungsgericht und für das Gericht der Tatsacheninstanz, an das die Sache zur erneuten Verhandlung und Entscheidung zurückverwiesen wird[337]). Dann dürften und müßten aber die Einzelakte, die diese Gerichte zeitlich noch aburteilen könnten, auch nur von ihnen abgeurteilt werden, weil diese Urteile umgestaltungsfähig im Sinne des § 264 seien. Lediglich die Einzelakte, die nach „der Verkündung der endgültigen Entscheidung zur Schuldfrage" lägen, dürften gesondert verfolgt und abgeurteilt werden.

Die ältere Meinung des Reichsgerichts beruhe auf einer Verwechslung von förmlicher und sachlicher Rechtskraft. Allenfalls die sachliche Rechtskraft könne den Gesamtvorsatz des Täters aufspalten und eine neue Anklage ermöglichen. Die Aufspaltung der einheitlichen Tat in zwei — nach § 74 StGB zu beurteilender — Handlungen sei deshalb so nicht möglich.

Sie werde aber auch von dem Verbote der Schlechterstellung gar nicht verlangt. Dem Gesetzgeber könne nicht unterstellt werden, daß er eine Fortsetzung der strafbaren Tätigkeit unbeachtet wissen wollte. Zwar habe er bewußt in Kauf genommen, daß sich eine strengere rechtliche Beurteilung der Tat durch das Rechtsmittelgericht nicht im Strafmaß kundgeben könne. Das könne aber nicht für Handlungen gelten, die der Erstrichter gar nicht werten konnte, weil sie noch nicht begangen waren. Sei das richtig, „dann müßte folgerichtig auch die Verfolgung zwischen dem ersten und dem abschließenden Urteil liegender Einzeltaten einer fortgesetzten Handlung in einem besonderen Strafverfahren unzulässig sein"[338]). Die „am Wortlaut haftende Auslegung des Verbots der Schlechterstellung"[338]) komme dem Angeklagten also nur scheinbar entgegen, schlage aber in Wirklichkeit zu seinem Nachteil aus; denn die gesonderte Aburteilung der späteren Einzelakte bringe ihn sowohl um den Vorteil der einheitlichen Strafe als auch um den einer nach den §§ 74, 79 StGB zu bildenden Gesamtstrafe. Schließlich werde dem Angeklagten „der

---

[336]) BGH NJW 1956, 1725 Nr. 19 (1726).

[337]) Dafür zitiert der BGH a. a. O. die Urteile RGSt. 56, 324; 62, 130; 66, 45 sowie RGSt. 51, 255; 66, 49.

[338]) BGH a. a. O. Seite 1726.

Rechtsvorteil des Verbrauchs der Strafklage" dort entzogen, „wo erst nach der rechtskräftigen Entscheidung der Sache bekannt wird, daß der Angeklagte seine strafbare Tätigkeit über den Zeitpunkt des Ergehens des ersten Urteils hinaus fortsetzte"[339]). An die Stelle völliger Straflosigkeit trete bei jener Ansicht eine neuerliche Bestrafung. Wenn das aber „nach einhelliger Meinung" schon bei einem zuungunsten des Angeklagten eingelegten Rechtsmittels der Staatsanwaltschaft nicht eintreten dürfe, so könne es erst recht nicht so sein, wenn nur der Angeklagte es durch sein Rechtsmittel ermöglicht habe, das Ersturteil nachzuprüfen. Das sei von den Gesetzen der Logik ausgeschlossen.

Der Bundesgerichtshof wägt sodann den Grundsatz „ne bis in idem" gegen das Verbot der reformatio in peius ab und billigt dem ersteren als rechtsstaatlichem Prinzip den Vorrang zu, während das Verschlechterungsverbot einem Rechtsstaat nicht wesenseigen sei und nur eine Rechtswohltat für den Angeklagten enthalte. Er fährt fort[339]): „Wenn schon das ranghöhere Verbot mehrmaliger Verfolgung sich nicht auf Einzelhandlungen einer Fortsetzungstat erstrecken kann, die durch das letzte gestaltungsfähige Urteil nicht erfaßt werden konnten, weil sie in eine spätere Zeit fielen, so muß Entsprechendes erst recht für das Verbot der Schlechterstellung gelten, soweit Einzelhandlungen der abgeurteilten Tat in Betracht kommen, die dem vom Angeklagten angefochtenen Urteil des Tatrichters zeitlich nachfolgen und von diesem Urteil gar nicht erfaßt werden konnten". Das Verbot der reformatio in peius sei zeitlich durch das Urteil begrenzt, an dem es hafte. Wegen der uneingeschränkten Geltung des § 264 Abs. 1 müsse es insoweit weichen, als das Zweitgericht neue Handlungen noch aburteilen könne und wegen Artikel 103 Abs. 3 des Grundgesetzes auch müsse. Dagegen bleibe es in Kraft, was die Strafe für die Einzelakte vor dem Ersturteil angehe.

Der zweite Tatrichter könne also die Einheitsstrafe des Erstrichters überschreiten. Er müsse sie zunächst für die älteren Akte bestehen lassen, könne sodann für die jüngeren Einzelhandlungen „eine gedachte Einsatzstrafe" wählen und aus beiden Strafen „in entsprechender Anwendung des § 74 StGB die für die Tat im ganzen zu bemessende Strafe"[339]) gewinnen.

3.

Gegen diese Ausführungen wendet sich Peters[340]). Er hält die Lösung des Reichsgerichts für klarer und besser.

Von unserem Standpunkt aus können wir die Streitfrage offenlassen. Folgen wir der Ansicht des Reichsgerichts, so kann der Angeklagte außerhalb dieses Hauptverfahrens wegen der späteren Einzelakte doch

---

[339]) BGH a. a. O. Seite 1727; im Ergebnis ebenso Löwe-R 20. Aufl. § 264 Anm. 5g.

[340]) Karl Peters JZ 1957, 382ff. in einer Anmerkung zu BGH 6 StR 28/56 = Fußnote 335.

noch bestraft werden. Nach unserer Definition darf er es dann aber auch in diesem Hauptverfahren. Damit aber sind wir beim Ergebnis des Bundesgerichtshofes. Dieses Ergebnis entspricht auch der Billigkeit. Setzt der Angeklagte sein strafbares Tun fort, so begibt er sich damit des Schutzes der Verbotsvorschriften. Er kann nicht mehr auf den Fortbestand seiner Rechtsstellung vertrauen, wenn er diesen Schutz mißbrauchen will. Es ist die Rechtsfigur der Verwirkung einer prozessualen Stellung, die den Gedankengängen des Bundesgerichtshofes zugrunde liegt, wenn sie auch nicht klar zutage tritt.

IV.

Die Ausführungen zu I bis III gelten entsprechend für Dauerdelikte[341]).

V.

In den Bereich der Tateinheit gehört auch der Fall, daß der Erstrichter irrtümlich je eine Geldstrafe aus beiden verletzten Gesetzen entnommen und beide Strafen zusammengezählt hatte.

Da beide Strafen für eine Tat verhängt worden sind, darf trotz der teilenden Betrachtungsweise hier die Summe der Geldstrafen vom Rechtsmittelrichter beibehalten werden[342]).

F.

I.

Hatte das Ersturteil das Zusammentreffen mehrerer Straftaten des Angeklagten als Tatmehrheit angesehen, wertet der Rechtsmittelrichter es aber als einheitliche Tat im Sinne des § 73 StGB oder als fortgesetzte Handlung, so ist die Gesamtstrafe des ersten Rechtszuges das Strafmaß, das der Rechtsmittelrichter mit seiner neuen Einheitsstrafe nicht überschreiten darf[343]).

---

[341]) So der Sache nach BGH NJW 1956, 1725 Nr. 19 — 6 StR 28/56 — (1726 oben); ausdrücklich Oetker JW 1932, 2712 zu Nr. 10 unter 5. am Ende.

[342]) RGSt. 54, 188 (189) — IV 690/19 —; JW 1930, 2437 Nr. 48 — 3 D 237/30 — m. zust. Anm. Loewenstein; HRR 1927 Nr. 670 — 2 D 938/26 —; Löwe-R 20. Aufl. § 358 Anm. 6d und g; vgl. ferner Kapitel 5 unter B II.

[343]) RGRspr. 2, 239 — III 1903/80 —; RGSt. 62, 61 und 63 — I 139/28 —; HRR 1928 Nr. 1169 — 3 D 1028/27 —; RGSt. 67, 236 (244) — I 1067/32 —; RGSt. 67, 273 (274f.) — III 598/33 —; BayObLGSt. 1908, 207 (v. 1. 2. 1907); Allg. Verw. Verfgg. des OLGPräsidenten zu Breslau v. 2. 2. 1932 in JW 1932, 1798; Eberhard Schmidt § 331 Anm. 36; Löwe-R 20. Aufl. § 331 Anm. 4b, § 358 Anm. 6h; KMR 3. Aufl. § 331 Anm. 3 (4); Feisenberger § 331 Anm. 1. War versehentlich das Verfahren wegen mehrerer Einzelakte einer fortgesetzten Handlung vor verschiedenen Erstgerichten eröffnet, diese Verfahren aber von dem gemeinsamen Berufungsgericht verbunden worden, so besteht keine Gesamtstrafe, an die sich der Zweitrichter

Die abweichende Meinung Köhlers[344]), die den Rechtsmittelrichter zwingen will, hier die Strafe herabzusetzen, weil die Fortsetzungstat ein weniger an Schuld enthält als tatmehrheitlich zusammentreffende Einzelhandlungen, beruht insofern auf einem falschen Ausgangspunkt, als sie — ohnehin streitige — sachliche Erwägungen mit denen zum Verbot der reformatio in peius verquickt. Die Verbotsvorschriften gebieten, für sich betrachtet, diese Minderung der Strafe keineswegs. Nur das beschäftigt uns aber hier.

Die Einzelstrafen verlieren mit der anderen rechtlichen Beurteilung ihre Bedeutung und werden gegenstandslos. Sie binden deshalb das höhere Gericht nicht mehr[345]).

II.

Das gilt auch bei Geldstrafen[346]), wobei hier die Summe der erstinstanzlichen Geldstrafen die Grenze ist, die der Rechtsmittelrichter nicht überschreiten darf.

III.

Hatte der Vorderrichter wegen zweier Vergehen auf eine Freiheitsstrafe und eine Geldstrafe erkannt, obwohl die Taten rechtlich zusammentrafen, so darf die Freiheitsstrafe nicht erhöht werden, wenn der Rechtsmittelrichter jetzt eine Einheitsstrafe verhängt[347]). Das Reichsgericht läßt daneben[348]) die Geldstrafe wegfallen. Das Verbot der

halten könnte. Er wird aber sicherlich die Summe der erstinstanzlichen Einzelstrafen nicht überschreiten dürfen. Vgl. — auch zu den übrigen prozeßrechtlichen Fragen — BayObLG LZ 1929, 1078 Nr. 2 — II 97/29 —. „Wenn bei Verurteilung in drei selbständigen Fällen zu drei Geldstrafen der Angeklagte Berufung im vollen Umfange, die Staatsanwaltschaft nur in einem Falle und unter Beschränkung auf das Strafmaß einlegt, so liegt kein Verstoß gegen das Verbot der reformatio in peius vor, wenn das Berufungsgericht den Angeklagten wegen einer sich aus drei unselbständigen Teilakten zusammensetzenden fortgesetzten Tat zu einer alle Teilakte umfassenden Gefängnisstrafe verurteilt“, weil die Strafmaßberufung der Staatsanwaltschaft in Verbindung mit der anderen rechtlichen Würdigung aufgrund der Berufung des Angeklagten die gesamte einheitliche Tat erfaßt; OLG Hamm NJW 1957, 1850 Nr. 24 — 1 Ss. 412/57 —.

[344]) Köhler JW 1925, 2786 zu Nr. 11 = 2 D 69/25.

[345]) RG Recht 1924 Nr. 1056 — III 140/24 —; JW 1925, 2786 Nr. 11 — II 69/25 — m. abweichender Anm. Köhler; JW 1927, 2050 Nr. 78 — II 160/27 — m. Anm. Honig; JW 1928, 2272 Nr. 71 — III 1028/27 —; HRR 1931 Nr. 388 — II 892/30 —; JW 1931, 2502 Nr. 28 — 3 D 957/30; JW 1931, 1618 Nr. 79 — 1 D 1192/30 — m. zust. Anm. Oetker; JW 1933, 460 Nr. 49 — 3 D 746/32 — m. zust. Anm. Doerr; RGSt. 67, 236 (241f.) — I 1067/32 —; KGJ 47, 318 (320) — 1 S 73/15 —; Löwe-R 20. Aufl. § 331 Anm. 4b, § 358 Anm. 6h; KMR 3. Aufl. § 331 Anm. 3 (4).

[346]) RG JW 1931, 2502 Nr. 28 — 3 D 957/30 — m. zust. Anm. Mannheim.

[347]) RGSt. 63, 340 — III 1032/29 —; dazu im Ansatz richtig, jedoch mit abweichendem Ergebnis, W. Becker GS 1929, 121ff. und GA 72, 184ff., der eine Erhöhung der Freiheitsstrafe befürwortet.

[348]) RGSt. 59, 317 (320) — III 232/25 —.

reformatio in peius verlangt das jedoch nicht, weil es auch sonst zu ungesetzlichen Strafen führt.

IV.

Daraus folgt, daß es unter Umständen zu einer Ersatzfreiheitsstrafe für dieselbe Tat kommen kann, die teils aus Gefängnis, teils aus Haft besteht. Karger[349]) berichtet, daß ein vom Amtsgericht wegen eines Vergehens zu 150 Mark, ersatzweise 30 Tagen Gefängnis, und wegen einer weiteren selbständigen Übertretung zu 50 Mark, ersatzweise 5 Tagen Haft, verurteilter Angeklagter vom Landgericht wegen einer einzigen Tat abgeurteilt und dieserhalb mit 300 Mark, ersatzweise 30 Tagen Gefängnis und 5 Tagen Haft bestraft wurde. In der Tat ein merkwürdiges Ergebnis, das die Praxis wohl besser vermiede. Das Verschlechterungsverbot gebietet jedoch keine Beanstandung.

G.

Will umgekehrt das Zweiturteil die vom Erstrichter festgestellte fortgesetzte Handlung oder einheitliche Tat in mehrere einzelne, rechtlich selbständige Handlungen im Sinne des § 74 StGB aufspalten[350]) und eine Gesamtstrafe bilden, so können ihm zwei Grenzen gezogen sein.

I.

Sicherlich darf die Gesamtstrafe nach Art und Höhe nicht schwerer ausfallen als die Einheitsstrafe des Ersturteils[351]).

II.

Wie aber muß der Rechtsmittelrichter die Einzelstrafen bemessen? Darf die Summe der neuen Einzelstrafen nicht höher sein als die alte Einheitsstrafe[352])?

Oder darf der Rechtsmittelrichter die Einzelstrafen frei bemessen, nur durch die Höhe der alten Einheitsstrafe und damit der neuen Gesamtstrafe gebunden? Ein Blick in die Rechtsprechung schafft keine Klarheit.

---

[349]) Karger GA 61, 201 ff., der allerdings das Urteil als falsch bezeichnet.

[350]) Das ist zulässig, weil es unter die Veränderung des Schuldspruchs fällt; vgl. RG JW 1925, 2785 Nr. 10 — 1 D 252/25 — m. abl. Anm. Beling; Bay Z 1926, 191 — 1 D 422/25 —; RGSt. 51, 247 (252) — V 193/17 —.

[351]) RGRspr. 1, 25 — 1 D 117/79 —; — 2 D 689/25 —; JW 1929, 1055 Nr. 63 — II 852/28 — m. zust. Anm. Mamroth; JW 1930, 2792 Nr. 23 — I 825/29 —; JW 1931, 2990 Nr. 24 — III 21/31 —; JW 1931, 1611 Nr. 69 — 3 D 60/31 — m. insoweit zust. Anm. Heiland; RGSt. 67, 236 (238) — I 1067/32 —; BayObLGSt. 1954, 152 — 3 St. 112/53 —; Eberhard Schmidt § 331 Anm 35; Löwe-R 20. Aufl. § 331 Anm. 4b, § 358 Anm. 6h; KMR 3. Aufl. § 331 Anm. 3 (4).

[352]) RGSt. 26, 167 (169) — IV 2998/94 —.

Ein Urteil des Reichsgerichts vom 9. 3. 1931[353]) gestattet dem Rechtsmittelgericht, jede Einzelstrafe bis zur Höhe der alten Einheitsstrafe zu bemessen, wobei die Summe der Einzelstrafen diese Einheitsstrafe übersteigen dürfe[354]). Dieser Ansicht folgt im wesentlichen das Schrifttum[355]).

Dagegen erhebt Heiland[356]) Bedenken, die er hauptsächlich auf § 74 StGB stützt. Danach sei die Gesamtstrafe durch eine angemessene Erhöhung der Einsatzstrafe zu bilden[357]). Diese Angemessenheit könne aber dann nicht erreicht werden, wenn schon die Einsatzstrafe so hoch oder fast so hoch sei wie die spätere Gesamtstrafe[358]).

Gerade weil die Einzelstrafen selbständige, der Rechtskraft fähige richterliche Entscheidungen seien, dürften sie die Einheitsstrafe der ersten Instanz nicht erreichen. Ihre Summe müsse vielmehr so beschaffen sein, daß sie es noch gestatte, eine angemessene Gesamtstrafe zu bilden. Das sei die Grenze für den Rechtsmittelrichter.

Sie sei noch enger zu ziehen, wenn, wie in dem besprochenen Urteil[359]), „aus den Einzelstrafen der in Einzelakte zerlegten Fortsetzungshandlung der ersten Instanz und einer Strafe wegen eines weiteren realkonkurrierenden Delikts eine Gesamtstrafe zu bilden“ sei. „In diesem Falle“ dürfe „zwecks Vermeidung einer reformatio in peius die Summe der Einzelstrafen nicht höher sein als die Einheitsstrafe erster Instanz“[356]).

Heilands Kritik an der Rechtsprechung des Reichsgerichts trifft in ihrer Begründung nicht den Kern, weil diese Begründung an § 74 StGB statt an den Verbotsvorschriften ansetzt.

Heiland macht — übrigens im Anschluß an ein älteres Urteil des Reichsgerichts[360]) — weiter den Fehler, daß er die Summe der Einzelstrafen als Grenze setzt. Diese Summe ist aber rechtlich nur insofern bedeutsam, als sie nach § 74 Abs. 1 StGB um mindestens eine Strafeinheit über der Gesamtstrafe liegen muß. Sie wird nie verbüßt, trifft den Angeklagten also nicht tatsächlich. Sie trifft ihn aber auch nicht rechtlich, da sie im Urteil nicht erwähnt wird, sondern vom Leser des

---

353) RG JW 1931, 1611 Nr. 9 — 3 D 60/31 — m. hier abl. Anm. Heiland.

354) So auch RG GA 50, 288 — III D 1138/03 —; — 2 D 689/25 —; JW 1927, 2050 Nr. 78 — 2 D 160/27 — m. Anm. Honig; JW 1928, 2272 Nr. 71 — III 1028/27 —; JW 1929, 1055 Nr. 63 — II 852/28 — (unentschieden) m. zust. Anm. Mamroth; BayZ 1930, 9 — 1 D 523/29 —; JW 1930, 2792 Nr. 23 — I 825/29 — m. Anm. Köhler; JW 1931, 2990 Nr. 24 — III 21/31 —; RGSt. 67, 236 (240f.) — I 1067/32 —; BGHSt. 5, 52 — 1 StR 710/52 —; BGHSt. 5, 371 (376) — 1 StR 230/53 —; Löwe-R 20. Aufl. § 331 Anm. 4b, § 358 Anm. 6h.

355) Eberhard Schmidt § 331 Anm. 35; Löwe-R 20. Aufl. § 331 Anm. 4 b; KMR 3. Aufl. § 331 Anm. 3 (4).

356) Heiland JW 1931, 1611 zu Nr. 9 = 3 D 60/31.

357) Heiland zitiert a. a. O. dafür RGSt 4, 53 und 44, 302.

358) Gleich alte Einheitsstrafe.

359) RG JW 1931, 1611 Nr. 9 — 3D 60/31 —; andererseits RG — I 367/31 —.

360) RGSt. 26. 167 (169) — IV 2998/94 —.

Urteils nur aus den in den Gründen genannten Einzelstrafen errechnet werden kann. Endlich wird sie auch nicht in das Strafregister eingetragen. Sie kann deshalb für die Frage der Schlechterstellung keine Rolle spielen.

Die Lösung ist vielmehr wiederum nur aus der ratio der Verbotsnormen zu gewinnen.

Dabei ist der Ansatzpunkt derselbe, wie er in jenen Fällen gewählt wurde, in denen der Erstrichter es unterlassen hatte, Einzelstrafen festzusetzen oder im Urteil zu erwähnen[361]). Dort hatten wir gesehen, daß die nachträgliche Festsetzung der vergessenen Einzelstrafe die Entschließungsfreiheit des Angeklagten nicht beeinträchtigen kann, weil auch in seiner Vorstellung Schuldspruch und Strafausspruch untrennbar verbunden sind. Der Unterschied zwischen beiden Fällen ist rechtlicher Art: dort war für eine selbständige Straftat keine Einzelstrafe festgesetzt worden, hier wird es infolge anderer rechtlicher Würdigung der Taten erst im Rechtsmittelzuge nötig, Einzelstrafen auszusprechen. In der Vorstellungswelt des Angeklagten unterscheiden sich diese Fälle aber kaum voneinander. Auch bei der anderen rechtlichen Würdigung weiß er, daß mit dem Ausspruche der Schuld notwendig die Strafe für jede seiner rechtswidrigen Verhaltensweisen verknüpft ist. Die Freiheit, sich für ein Rechtsmittel zu entscheiden, wird ihm nicht genommen.

Die andere rechtliche Würdigung ist statthaft, weil sie unter die Veränderung des Schuldspruchs fällt und deshalb dem Verbot der reformatio in peius nicht untersteht. Ließe man aber nunmehr die Festsetzung der Einzelstrafen nicht zu, so führte das wiederum zu Schuldurteilen ohne Strafzumessung, die vermieden werden müssen.

Die Einzelstrafen selbst können ebenfalls bis zur Höhe der alten Einheitsstrafe und damit der neuen Gesamtstrafe bemessen werden, weil kein Fall denkbar ist, in dem der Angeklagte eine längere Strafzeit verbüßen müßte als nach dem Ersturteil. Dem Reichsgericht ist deshalb auch bei dieser Gruppe von Entscheidungen beizupflichten.

Freilich sollte der Rechtsmittelrichter die Einzelstrafen nach Möglichkeit niedriger als die Gesamtstrafe festsetzen, damit er eine Verletzung des § 74 Abs. 3 StGB vermeidet[362]).

III.

„Hatte das Schöffengericht zwei selbständige strafbare Handlungen als Einheitstat aufgefaßt und eine Strafe verhängt, so liegt kein Verstoß gegen § 331 StPO vor, wenn das Landgericht nur eine der beiden Straftaten" nicht als erwiesen ansieht, aber nicht ausdrücklich freispricht, und „auf die gleiche Strafe kommt"[363]).

---

[361]) siehe Kapitel 10 unter D III.

[362]) Honig JW 1927, 2050 zu Nr. 78 = 2 D 160/27.

[363]) RG HRR 1933 Nr. 980 — 3 D 1300/32 —; die Fälle der dort angezogenen Entscheidungen lagen anders; vgl. weiter BayObLG JR 1955, 472 — 1 St. 283/55—;

Nach dem zu II Ausgeführten müssen wir auch diesem Leitsatz der Rechtsprechung zustimmen, weil er nur einen Unterfall jener Gruppe erfaßt. Freilich wird seine Anwendung nicht in allen Fällen unser Billigkeitsempfinden befriedigen. Das Verbot der reformatio in peius steht ihm jedoch nicht entgegen.

IV.

Bestand eine erstinstanzliche Einheitsstrafe aus Freiheitsstrafe und Geldstrafe, so soll nach einem Urteil des Reichsgerichts[364]) und Löwe-Rosenberg[365]) die Erhöhung der Geldstrafe zulässig sein, wenn zugleich die Freiheitsstrafe um so viel verkürzt wird, wie sich die Ersatzfreiheitsstrafe ausdehnt.

Hier wird man zwei Fälle unterscheiden müssen. Waren beide Strafarten demselben Gesetz entnommen, so sind sie zusammen die Grenze für den Rechtsmittelrichter, innerhalb deren er trotz der teilenden Methode die einzelnen Größen verschieben darf.

War aber die Freiheitsstrafe dem Gesetz a, die Geldstrafe dem Gesetz b entnommen, und fallen diese beiden Vorschriften durch die andere rechtliche Wertung so auseinander, daß jeder Norm eine selbständige Handlung unterfällt, so bildet die Freiheitsstrafe für die eine, die Geldstrafe für die andere Tat die obere Grenze.

H.

I.

Will der Rechtsmittelrichter von drei selbständigen Handlungen des Ersturteils eine beseitigen und unter Aufspaltung mit jeder der beiden anderen Handlungen zu je einer einheitlichen Tat vereinigen, so muß mit Sicherheit die Gesamtstrafe des Erstrichters für die beiden übrigen Einzeltaten als Höchstgrenze bestehen bleiben.

II.

Das Reichsgericht[366]) hält es nun für zulässig, die Einzelstrafen für die beiden neuen selbständigen Handlungen zu erhöhen, weil sich von den beiden neuen Straftaten keine mit denen des Ersturteils deckt,

---

BayObLGSt. 1955, 160 (169) — 2 St. 293/55 —; OLG Dresden GA 39, 176 (178) (v. 19. 3. 1891).
Wählt das Berufungsgericht für eine der nunmehr selbständig behandelten Straftaten eine Strafart, die sich nicht auf eine Gesamtstrafe zurückführen läßt (z. B. Haft), so muß es die erstinstanzliche Gesamtstrafe um den Betrag dieser Einzelstrafe kürzen; OLG Dresden LZ 1929, 283 Nr. 7 — 1 OSt. 258/28 —.

364) RG JW 1931, 2990 Nr. 24 — III 21/31 —.

365) Löwe-R 20. Aufl. § 331 Anm. 4b.

366) RGSt. 67, 236 (244) — I 1067/32 —.

diese vielmehr die frühere dritte Tat in sich aufgenommen haben. Da nun die Einzelstrafe für die dritte Tat weggefallen sei, so werde sie von den beiden anderen Taten aufgesogen. Grenze seien die Summe der für die erhaltenen Einzeltaten verhängten Einzelstrafen und der für die entfallene Tat verhängten Einzelstrafe.

Der Ansatz des Reichsgerichts ist vom sachlichen Recht her verständlich. Es ist gewöhnt, den gleichzeitigen Verstoß des Angeklagten gegen mehrere Strafgesetze[367]) schwerer zu beurteilen als den gegen nur eine Norm. Das Verbot der reformatio in peius führt aber häufig dahin, daß von den üblichen Grundsätzen der Strafzumessung abgewichen werden muß. So auch hier: sachlich wäre es zwar wünschenswert, die beiden verbleibenden selbständigen Handlungen härter zu bestrafen, prozessual ist es unzulässig. Die Einzelstrafen für die verbleibenden Taten waren und sind selbständige Urteilsglieder. Jede von ihnen ist ein Vergleichsglied für den Rechtsmittelrichter. Die dritte Tat ist aus Rechtsgründen weggefallen. Dieser Fall kann deshalb nicht anders entschieden werden als jener, in dem der Angeklagte von der dritten selbständigen Tat aus tatsächlichen Gründen, etwa aus Mangel an Beweisen freigesprochen wird; denn in beiden Fällen verlieren die Taten ihre Bedeutung für das Strafmaß. Wollte man dem Zweitrichter gestatten, die Strafe für die dritte, weggefallene Tat entweder zur Hälfte oder ganz[366]) jeder der verbleibenden Einzelstrafen hinzuzuzählen, so würde man auf einem Umwege neuen Strafzumessungsgründen für die verbleibenden Taten zur Wirksamkeit auch im Strafausspruche verhelfen. Das ist aber nicht einmal dann gestattet, wenn das Rechtsmittelgericht statt einer Übertretung ein Verbrechen feststellt.

Demnach binden den Rechtsmittelrichter die beiden verbleibenden Einzelstrafen des Ersturteils ebenso wie dessen Gesamtstrafe.

J.

Bei der Anrechnung der Untersuchungshaft auf eine Hauptstrafe haben Rechtsprechung und Schrifttum zum Verschärfungsverbot drei Grundsätze entwickelt.

I.

Die Strafe darf nicht erhöht werden, wenn die Dauer der Anrechnung der Untersuchungshaft dieselbe bleibt[368]); diese Dauer darf nicht verkürzt werden, wenn die Strafe dieselbe bleibt[369]).

---

[367]) ungleichartige Tateinheit, § 73 StGB.

[368]) RGRspr. 2, 602 (603) — III 3042/80 —.

[369]) RGRspr. 2, 602 — III 3042/80 —; JW 1925, 2331 Nr. 3 — II 211/25 — m. zust. Anm. Beling; JW 1930, 2792 Nr. 23 — I 825/29 —; HRR 1930 Nr. 2045 — 1 D 787/30 —; RGSt. 66, 351 und 353 — III 554/32 —; JW 1934, 2914 Nr. 17 —

II.

Hatte das Ersturteil die Untersuchungshaft angerechnet, so soll dem Rechtsmittelrichter gestattet sein, sie nicht anzurechnen, wenn er die Hauptstrafe um dieselbe Zeitspanne kürzt[370]).

III.

Hatte umgekehrt der Erstrichter die Anrechnung abgelehnt, so soll das Zweiturteil die Hauptstrafe um den Zeitraum erhöhen dürfen, um den es durch Anrechnung der Untersuchungshaft die Zeit der späteren Strafverbüßung kürzt.

Diese Leitsätze folgen aus der ganzheitlichen Betrachtungsweise, ja diese ist zur Lösung dieser Fälle entwickelt worden.

IV.

Wir müssen deshalb schon von unserer Definition her zu einem anderen Ergebnis kommen.

Die Hauptstrafe einerseits und die Entscheidung über die Anrechnung der Untersuchungshaft andererseits sind verschiedene Urteilsglieder, die jeweils getrennt miteinander verglichen werden müssen. Der Rechtsmittelrichter darf also weder die Hauptstrafe erhöhen, wenn er die Untersuchungshaft anrechnet, noch darf er die Entscheidung über diese Vergünstigung wegfallen lassen oder diese Vergünstigung vermindern, wenn er die Hauptstrafe kürzt. Diese Lösung wird durch zwei weitere Gründe erhärtet. Die Untersuchungshaft kann nach ihren Vollzugsgrundsätzen mit Strafhaft irgendeiner Art sachlich nicht verglichen werden; denn bei der Untersuchungshaft darf der Häftling nur soweit eingeschränkt werden, als dies „zur Sicherung des Zwecks der Haft oder zur Aufrechterhaltung der Ordnung im Gefängnis notwendig" ist (§ 116 Abs. 2). Er

---

2 D 752/34 —; BGH JZ 1952, 754 — 4 StR 409/52 —; BGHSt. 7, 215 (217f) — 3 StR 552/54 —; vgl auch BGH JZ 1956, 101 — 4 StR 372/55 —; ferner OLG Hamburg GA 70, 54 — II 27/25 —; OLG Hamm NJW 1951, 415 Nr. 31 — 2 Ss. 597/50 —; Eberhard Schmidt § 331 Anm. 13; Löwe-R 20. Aufl. § 331 Anm. 4a, § 358 Anm. 6f.; KMR 3. Aufl. § 331 Anm. 3b bb (2); Daude 1912 zu § 372; Schwarz 18. Aufl. § 331 Anm. B 1a.

Hat das Schöffengericht „sechs Monate Untersuchungshaft" angerechnet, obwohl der Angeklagte nur 5 Monate und 27 Tage erlitten hatte, so soll es zulässig sein, daß die Strafkammer „die Untersuchungshaft" anrechnet, also das Urteil des Schöffengerichts um drei Tage verschlechtert, RG JW 1927, 1173 Nr. 9 — 1 D 531/ 25 —. Dagegen mit Recht Schreiber in seiner Anmerkung ebenda. Der Fehler des Erstrichters führt wegen des Verbots zu einem vom Gericht nicht gewollten Vorteil des Angeklagten. — Völlig anders noch RG JW 1905, 759 Nr. 13 — IV 5275/04 — (das Verbot beziehe sich nicht auf die Entscheidung über die Untersuchungshaft).

[370]) RGSt. 59, 231 (232) — II 211/25 —; JW 1930, 2792 Nr. 23 — 1 D 825/29 —; HRR 1932 Nr. 692 — 2 D 1189/31 —; Eberhard Schmidt § 331 Anm. 13; Löwe-R 20. Aufl. § 331 Anm. 4a; KMR 3. Aufl. § 331 Anm. 3 b bb (2).

kann sich auf seine Kosten Bequemlichkeiten und Beschäftigungen verschaffen (§ 116 Abs. 3). Damit ist der sachliche Unterschied zwischen beiden Freiheitsentziehungen so groß, daß unsere Trennung der Glieder des Urteils keineswegs so formalistisch ist, wie Beling[371]) es meint.

Endlich wäre es denkbar, daß bei Verlängerung der Strafzeit unter gleichzeitiger Anrechnung der Untersuchungshaft die neue Strafe eine der in unserem Strafensystem[372]) gefundenen Trennungslinien übersteigt. Das darf aber ohnehin nicht sein. Diese Schwierigkeit vermeidet unsere teilende Methode.

V.

Mit dieser Methode erledigen sich auch die Entscheidungen, in denen das Rechtsmittelgericht statt einer Freiheitsstrafe auf Geldstrafe erkennt. Es muß den Teil der Geldstrafe für verbüßt erklären, der nach dem Berechnungsmaßstab der Ersatzstrafe der Dauer der vom Vorderrichter angerechneten Untersuchungshaft entspricht[373]).

VI.

Daß sich das Verbot der reformatio in peius nicht auf die Untersuchungshaft erstreckt, die der Angeklagte nach der Verkündung des Ersturteils erleidet, folgt daraus, daß das Ersturteil über sie noch gar nicht befinden konnte[374]). Das trifft auch die Fälle, in denen das Zweiturteil einen Teil dieser weiteren Untersuchungshaft anrechnet[375]).

VII.

Hatte das Schöffengericht die Untersuchungshaft auf eine Gesamtstrafe angerechnet, dabei aber nicht zum Ausdruck gebracht, auf welche Einzelstrafe die Untersuchungshaft angerechnet werden solle, wenn eine oder mehrere Einzeltaten entfallen sollten, so muß die angerechnete

---

[371]) Beling JW 1925, 2331 zu Nr. 3.

[372]) siehe Kapitel 7 unter D III.

[373]) BayObLGSt. 1952, 66 — 2 St. 125/52 —; KMR 3. Aufl. § 331 Anm. 3 b bb (2). Bei völligem Verbrauch der Freiheitsstrafe durch die Untersuchungshaft muß die ganze Geldstrafe für verbüßt erklärt werden, Hellwig LZ 1922, 311 ff. Hatte das Ersturteil nicht gesagt, ein wie hoher Teil jeder Einzelgeldstrafe für verbüßt erklärt worden ist, sondern hatte es das nur für die Summe der Einzelstrafen getan, so muß das Zweitgericht die Untersuchungshaft im Verhältnis der Einzelstrafen zu ihrer Summe aufteilen und entsprechend für verbüßt erklären; RG BayZ 1921, 214 (215) — 1 D 1109/20 —.

[374]) RG Recht 1913 Nr. 2539 — I 662/13 —; Recht 1926 Nr. 2028 — I 214/26 —; HRR 1932 Nr. 692 — 2 D 1189/31 —; OLG Hamm NJW 1951, 415 Nr. 31 — 2 Ss. 597/50 —.

[375]) RG HRR 1929 Nr. 883 — I 1164/28 —; OLG Hamm NJW 1951, 415 Nr. 31 — 2 Ss. 597/50 —; Löwe-R 20. Aufl. § 358 Anm. 6f; Eberhard Schmidt § 331 Anm. 14 stimmt zu, weist aber treffend darauf hin, daß unabhängig vom Verschlechterungsverbot § 60 StGB verletzt sein kann.

Untersuchungshaft voll angerechnet bleiben[376]), wenn der Erstrichter nicht klar gesagt hat, daß auf die Einzelstrafe nur ein bestimmter Teil der Untersuchungshaft angerechnet werden solle.

K.

Was die grundsätzliche Lösung der Fragen angeht, die um die Strafaussetzung zur Bewährung auftauchen, darf auf die früheren Ausführungen Bezug genommen werden[377]). Im einzelnen folgt daraus:

I.

Die Hauptstrafe, deren Vollstreckung der Erstrichter zur Bewährung ausgesetzt hat, darf nach Art und Höhe nicht verschärft werden[378]). Die in diesem Kapitel schon dargelegten Gedanken sind auf sie entsprechend anzuwenden.

II.

Die einmal gewährte Aussetzung der Strafvollstreckung darf der Rechtsmittelrichter grundsätzlich nicht beseitigen[379]).

1.

Das gilt dann, wenn der Rechtsmittelrichter die Tatsachen, die zur Aussetzung geführt hatten, nur rechtlich anders würdigen will, oder wenn der Vorderrichter die Aussetzung rechtsirrig bewilligt hat[380]).

Das Oberlandesgericht Köln[381]) bezeichnet die Entscheidung über die Strafaussetzung zur Bewährung als einen „Urteilsteil ..., der unter dem Schutz des Verschlechterungsverbots ... steht"; denn die Aus-

---

[376]) RG HöchstRR 1925, 108 — 1 D 882/24 —.

[377]) siehe Kapitel 8 mit Nachweisen; vgl. auch BGHSt. 9, 104 (106) — 2 StR 472/55 —; für die Schweiz Bernoulli 44f.

[378]) BGH JZ 1956, 101 — 4 StR 372/55 —; OLG Oldenburg MDR 1955, 436 Nr. 445 — Ss. 18/55 —; Eberhard Schmidt § 331 Anm. 28; Bruns GA 1956, 236f.; Hellmer JZ 1956, 714f.; Preiser NJW 1956, 1221f.; Kaufmann JZ 1958, 299f.; a.A. Dallinger, Zweifelsfragen MDR 1954, 4.

[379]) Hier zustimmend Dallinger MDR 1954, 4; ferner Bruns GA 1956, 235, der BGH — 3 StR 120/54 — zitiert; Eberhardt Schmidt § 331 Anm. 27; ausführlich auch Kaufmann JZ 1958, 299f. mit Fußnote 34; a.A. Preiser NJW 1956, 1222; Hellmer JZ 1956, 715.

[380]) OLG Köln MDR 1956, 759 Nr. 739 — Ss. 160/56 —; vgl. weiter OLG Celle MDR 1957, 694 Nr. 48 — 2 Ss. 211/57 —; OLG Hamm NJW 1955, 1000 Nr. 23 — 3 Ss. 1726/54 —, das einen echten Widerruf vor der Rechtskraft für logisch unmöglich hält und die von KMR 3. Aufl. § 331 Anm. 4b vertretene Auffassung zutreffend widerlegt; das OLG Hamm beruft sich mit Recht auf den Grundgedanken des § 331; zust. Dreher-Maassen StGB 2. Aufl. § 25 Anm. 1; Kohlrausch-Lange 41. Aufl. Vorbem. II 9 a. E. vor § 23; Eberhard Schmidt § 331 Anm. 27; Bruns GA 1956, 235; a.A. Schwarz 19. Aufl. § 331 Anm. 1A.

[381]) OLG Köln MDR 1956, 759 Nr. 739 — Ss. 160/56 —.

setzung sei „in jedem Falle eine durch Urteilsspruch gewährte Vergünstigung . . ., durch die der Angeklagte gegenüber einer unbedingten Strafe besser gestellt ist".

2.

Es soll auch dann gelten, „wenn im Berufungsverfahren Umstände hervortreten, die bei bereits eingetretener Urteilsrechtskraft einen Widerruf der gewährten Strafaussetzung rechtfertigen" würden[381])[382]).

Von unserer Definition des Nachteils aus ist dieses Ergebnis nicht richtig; denn wir hatten gesehen, daß der Angeklagte nicht benachteiligt wird, wenn er sich auch außerhalb der Hauptverhandlung über sein Rechtsmittel demselben Eingriff in seine Rechtssphäre gegenübersehen würde. Darf aber das Amtsgericht im Beschlußwege die Aussetzung widerrufen, so darf es dem Rechtsmittelrichter nicht verwehrt sein, sie zu beseitigen[383]).

3.

Von hier aus ist auch die bisher ungeklärte Frage zu lösen, ob die gewährte Aussetzung dann vom Rechtsmittelrichter beseitigt werden kann, wenn „die den Widerruf begründenden, erst in der Berufungsinstanz hervorgetretenen Tatsachen solche sind, die, wären sie bereits dem Erstrichter bekannt gewesen, der Gewährung von Strafaussetzung gemäß § 23 Abs. 3 Nr. 2 und 3 zwingend entgegen gestanden hätten"[384]).

Auch hier dürfte, ja müßte das Amtsgericht widerrufen[383]).

Beide Lösungen zu 2 und 3 entsprechen auch der Billigkeit; denn der Angeklagte kannte ja die Umstände, die nun zur Beseitigung der Aussetzung führen, schon vor dem Erlaß des Ersturteils. Er mußte also auch damit rechnen, daß sie rechtlich wirksam wurden und konnte deshalb in den Fortbestand des Ersturteils insoweit kein Vertrauen setzen.

4.

Setzt der Angeklagte sein strafbares Verhalten nach seinem ursprünglichen Gesamtvorsatz fort, und bezieht das Berufungsgericht die nach dem Ersturteil liegenden Einzelakte in seinen Spruch mit ein, so gelten die für diesen Fall des Fortsetzungszusammenhanges aufgezeigten Grundsätze[385]) entsprechend, wie sie der Bundesgerichtshof[386]) entwickelt hat.

---

[382]) So auch OLG Hamm NJW 1955, 1000 Nr. 23 — 3 Ss. 1726/54 —; NJW 1957, 1850 Nr. 23 — 1 Ss. 1452/56 — m. abl. Anm. Albrecht Mayer NJW 1958, 433 zu Nr. 19; zust. Eberhard Schmidt § 331 Anm. 27.

[383]) Im Ergebnis ebenso KMR 3. Aufl. § 331 Anm. 4a; a.A. Eberhard Schmidt § 331 Anm. 31; Kaufmann JZ 1958, 300 unter VI.

[384]) OLG Köln wie in Fußnote 381, das die Frage offenläßt; unentschieden auch das OLG Hamm wie in Fußnote 382.

[385]) Siehe Kapitel 10 unter E III.

[386]) BGH NJW 1956, 1725 Nr. 19 — 6 StR 28/56 —.

Bildet der Rechtsmittelrichter eine neue Einheitsstrafe, so darf er zwar das Verhalten des Angeklagten bis zum Urteil des ersten Rechtszuges nicht schwerer bestrafen, er muß aber die Entscheidung über die Aussetzung der Vollstreckung für die neue Einheitsstrafe neu treffen.

Ist die neue Einheitsstrafe länger als neun Monate, so darf der Rechtsmittelrichter Aussetzung nicht bewilligen.

Er muß aber folgerichtig imstande sein, die Aussetzung auch dann zu verweigern, wenn zwar die Strafe unter dieser Grenze liegt, aber die Umstände der gesamten Tat sie nicht rechtfertigen[387]).

5.

Hat das Rechtsmittelgericht die zur Bewährung ausgesetzte Strafe mit weiteren Einzelstrafen auf eine Geamtstrafe zurückzuführen, weil es mehrere Sachen miteinander verbunden hat, so entfällt wie bei der nachträglichen Gesamtstrafenbildung gemäß § 79 StGB[388]) auch hier mit der Einbeziehung in die Gesamtstrafe die Aussetzung der Vollstreckung jener Einzelstrafe, weil ihr die Grundlage entzogen wird und damit ihre Nebenentscheidungen ebenfalls hinfällig werden. Die Frage der Aussetzung ist vielmehr für die Gesamtstrafe neu zu prüfen[389]). Da sich der Angeklagte diesem Nachteil auch im Beschlußverfahren nach §§ 460, 462 gegenüber sehen würde, ist das Urteil des Oberlandesgerichts Celle nicht zu beanstanden, sondern entspricht den aus unserer Definition zu ziehenden Folgerungen.

III.

Wie ist es nun mit den Bewährungsauflagen, die das Gericht durch Beschluß außerhalb des Urteils angeordnet hat ?

Das Oberlandesgericht Stuttgart[390]) meint, das Verbot der reformatio in peius beziehe sich „nur auf die Strafe, nicht auf eine Bewährungsauflage, die im Zusammenhange mit der Aussetzung einer Freiheitsstrafe dem Verurteilten gemacht wird". Es begründet diese Ansicht nicht näher.

Hier müssen zwei Fälle unterschieden werden.

1.

Setzt erst das Berufungsgericht die Freiheitsstrafe des Vorderrichters zur Bewährung aus, so darf es nicht gehindert sein, gegen den Angeklag-

---

[387]) BayObLG MDR 1957, 500 Nr. 49 — 1 St. 63/56 —; zust. Mittelbach JR 1957, 304f., Kleinknecht-Müller Vorbem. 2 vor § 312.

[388]) Dazu BGHSt. 7, 180 — 3 StR 189/54 —.

[389]) OLG Celle MDR 1957, 674 Nr. 48 — 2 Ss. 211/57 —.

[390]) OLG Stuttgart NJW 1954, 611 Nr. 22 — Ss. 395/53 —; ebenso Bruns GA 1956, 235.

ten Bewährungsauflagen zu verhängen. Die in der Aussetzung liegende Vergünstigung ist so groß, daß sie jede Auflage aufwiegt[391]).

So lag der Sachverhalt, den das Oberlandesgericht Stuttgart zu beurteilen hatte.

2.

Wird jedoch eine durch Beschluß festgesetzte Bewährungsauflage mit der Beschwerde angegriffen, so greift das Verschlechterungsverbot wieder ein, weil es auch im Beschwerdeverfahren gilt[392]). Das Beschwerdegericht darf also z. B. eine Geldbuße nicht erhöhen.

Die anderen Bewährungsauflagen lassen sich untereinander nicht vergleichen und können deshalb auch nicht miteinander vertauscht werden.

Eine Ausnahme gibt es jedoch.

Es ist Zweck der Aussetzung einer kurzzeitigen Freiheitsstrafe, den Angeklagten zu einem gesetzmäßigen Leben anzuhalten. Diese Auflage ist deshalb mit jeder Entscheidung notwendig verbunden, die die Aussetzung bewilligt. Wird sie im Beschluß des Erstgerichts nicht ausdrücklich genannt, so darf das Beschwerdegericht sie nachholen, weil diese nachträgliche Ergänzung sachlich nichts Neues bringt, sondern nur ausspricht, was ohnehin Rechtens ist.

Kapitel 11

Das Verbot bei den übrigen Unrechtsfolgen

Ehe wir uns nun den anderen Unrechtsfolgen des Strafgesetzbuches[393]) zuwenden, besinnen wir uns auf die in Kapitel 2 unter D gefundene Erkenntnis:

Dem Verbot der Schlechterstellung unterliegen alle Unrechtsfolgen ohne Rücksicht auf ihre Rechtsnatur[394]).

---

[391]) Eberhard Schmidt § 331 Anm. 27, 29; eingehend Kaufmann JZ 1958, 299 Fußnote 32; a. A. Jagusch JZ 1953, 690.

[392]) Siehe Kapitel 1a unter A III; a. A. Eberhard Schmidt § 331 Anm. 30.

[393]) Die Nebengesetze sollen außer Betracht bleiben.

[394]) Löwe-R 20. Aufl. § 358 Anm. 8: „Das Verbot ... schließt die Anordnung einer ... Nebenfolge auch dann aus, wenn diese als eine polizeiliche oder Vorbeugungsmaßregel angesehen wird" ... „Diese Auffassung ... steht insofern im Einklang mit der Rspr. des RG, als in dieser vielfach hervorgehoben wurde, daß auf die Wahl des Wortes „Strafe" kein entscheidendes Gewicht gelegt werden könne"; so RGSt. 44, 294 — V 207/10 —; RGSt. 45, 62 (64) — III 302/11 —; a. A. RGSt. 67, 215 (217) — I 1418/32 —; JW 1930, 3401 Nr. 7 — 1 D 118/30 —; KMR 3. Aufl. § 331 Anm. 3d; Eberhard Schmidt § 331 Anm. 15 (für Nebenstrafen), Anm. 16 (für Maßregeln des § 42a StGB) führt im folgenden die Abgrenzung nach der Rechtsnatur der Unrechtsfolgen wieder ein.

Wir erinnern uns weiter an das erste negative Merkmal unserer Definition[395]):

Nachteil ist nicht, was der Angeklagte auch außerhalb dieses Hauptverfahrens erleiden müßte.

Aus diesen Leitsätzen folgt zweierlei:

1. Im Gegensatz zum Reichsgericht[396]) sind wir der oft schwierigen Nachprüfung enthoben, welche Rechtsnatur eine Unrechtsfolge hat.

2. Wir müssen dagegen prüfen, ob die jeweilige Unrechtsfolge den Angeklagten außerhalb des Hauptverfahrens treffen kann, sei es etwa, daß sie in einem nachträglichen Beschlußverfahren vom Gericht oder außerhalb jedes Strafverfahrens von einer Verwaltungsbehörde ausgesprochen werden kann, sei es, daß sich der Angeklagte ihr in einem Zivilrechtsstreit gegenüber sähe.

Ein Weiteres sei „vor die Klammer gezogen“: Soweit zu den einzelnen Punkten nichts anderes gesagt wird, dürfen die einzelnen Unrechtsfolgen im Zweiturteil weder neu hinzugefügt oder erhöht noch untereinander vertauscht werden. Denn sie lassen sich nicht miteinander vergleichen und können nach ihrer Schwere nicht abgestuft werden[397]).

Da wir uns mit der Rechtsnatur der Unrechtsfolgen nicht zu befassen brauchen, sei auf eine Gliederung, die sich an diese anlehnt, verzichtet. Vielmehr halten wir uns an die Reihenfolge, in der das Strafgesetzbuch die Unrechtsfolgen nennt.

A.

Die Unrechtsfolgen des Ersten Abschnitts des Ersten Teils des Strafgesetzbuches.

I.

Die Unfähigkeit zur Bekleidung öffentlicher Ämter (§§ 31, 35 StGB) sieht das Strafgesetzbuch in den §§ 85, 98, 101, 109i Ziffer 2, 128 Abs. 2 und 358[398]) vor.

Sie darf einer Gefängnisstrafe des Ersturteils nicht hinzugefügt oder verlängert werden. Hatte das Ersturteil eine Zuchthausstrafe ausgesprochen, ohne diese Nebenstrafe zu erwähnen, so ist sie mit dem Ausspruche doch notwendig verbunden und dauert alsdann lebenslang (§ 31 Abs. 1 StGB). Will nun der Rechtsmittelrichter auf Gefängnis und

---

[395]) Siehe Kapitel 1 und Kapitel 2 unter C.

[396]) Vgl. die im folgenden zu den einzelnen Unrechtsfolgen, insbesondere zur Einziehung angeführten Entscheidungen.

[397]) Siehe Kapitel 9.

[398]) Dort für die §§ 331, 340, 341, 352 bis 355, 357 StGB.

Unfähigkeit zur Bekleidung öffentlicher Ämter erkennen, so benachteiligt er den Angeklagten damit nicht, weil diese Folge ihn schon nach dem Urteil des Vorderrichters traf[399]).

II.

Der Verlust der bürgerlichen Ehrenrechte (§§ 32, 33, 34 StGB), vom Strafgesetzbuch in den §§ 107, 107a, 108, 108b, 150, 161, 164 Abs. 4, 168 Abs. 1 zweiter Halbsatz, 173 Abs. 3, 175b, 180, 181 Abs. 2, 183, 184 Abs. 2, 248, 248c Abs. 1 Satz 2, 256, 262, 266 Abs. 1 Satz 2, 280, 285a Abs. 1, 289 Abs. 2, 302 Abs. 2, 302a Satz 2, 302c, 302d Satz 2, 302e, 304 Abs. 2, 333 Abs. 1, 45, 48 Abs. 2, 49 Abs. 2 besonders vorgesehen, muß als selbständiges Urteilsglied für sich betrachtet und darf dem Ersturteil nicht hinzugefügt[400]) oder verlängert werden[401]).

Nach einer Entscheidung des Reichsgerichts[402]) soll der Rechtsmittelrichter die Dauer des Ehrenrechtsverlustes verlängern dürfen, wenn er die Hauptstrafe um dieselbe Zeitspanne kürzt. Das Reichsgericht folgert das aus § 36 zweiter Halbsatz StGB, wonach die Zeitdauer der Nebenstrafe von dem Tage an gerechnet wird, an dem die Freiheitsstrafe verbüßt ist. Freiheitsstrafe und Ehrverlust seien also zusammenzurechnen. Der Zeitpunkt, an dem der Angeklagte wieder in den Besitz der bürgerlichen Ehrenrechte gelange, werde nicht hinausgeschoben. Löwe-Rosenberg[403]) nennen dieses Urteil ein „eigenartig anmutendes Rechenkunststück", Merkel[404]) hält die Gründe des Reichsgerichts für „gekünstelt und zu formalistisch". Er leitet Bedenken zutreffend daraus her, daß die Freiheitsstrafe erlassen werden kann, und bezeichnet Freiheitsstrafe und Ehrverlust als „wesensverschieden".

Aus eben dieser Wesensverschiedenheit haben wir unter anderem die teilende Methode abgeleitet, die dazu führt, jede der beiden Unrechtsfolgen für sich zu betrachten.

Dem Urteil kann daher nicht zugestimmt werden.

III.

Die Rechtsnatur der im Strafgesetzbuche in den Fällen der §§ 85, 90a Abs. 2 Satz 2, 98, 101, 109i Ziff. 3, 115 Abs. 2 Satz 1, 116 Abs. 2 Satz 1, 122 Abs. 3, 125 Abs. 2 Satz 1, 129 Abs. 2 Satz 2, 146, 147, 180,

---

[399]) RG JW 1934, 2073 Nr. 40 — 1 D 326/34 — m. zurückhaltender Anm. Hafner; GA 49, 277 — 3 D 1785/02 — (stark gekürzt); zust. Löwe-R 20. Aufl. § 331 Anm. 4b, § 358 Anm. 6a.

[400]) RG JW 1927, 2050 Nr. 78 — II D 160/27 — m. zust. Anm. Honig.

[401]) RGRspr. 9, 449 — IV 1970/87 —; GA 53, 437 — 1 D 1538/05 —; RGSt. 57, 312 (313) — IV 877/22 —.

[402]) RG JW 1933, 1588 Nr. 8 — I 1592/32 — m. abl. Anm. Merkel; wie RG auch KMR 3. Aufl. § 331 Anm. 3c; Erbs § 331 Anm. IV.

[403]) Löwe-R 20. Aufl. § 358 Anm. 6e; abl. auch Eberhard Schmidt § 331 Anm. 14.

[404]) Merkel JW 1933, 1588 zu Nr. 8.

181 Abs. 2, 181a Abs. 3, 184 Abs. 3, 248, 256, 262, 285a Abs. 1, 325 (i. V. mit §§ 306 bis 308, 311 bis 313, 315, 321, 324), 45, 48 Abs. 2, 49 Abs. 2 vorgesehenen Zulässigkeit von Polizeiaufsicht (§§ 38, 39 StGB) ist umstritten. Hier zeigt es sich, wie praktisch unsere Lösung ist, die es uns erspart, diesem Streit nachzugehen. Die Verbotsvorschriften verbieten es auch hier, sie nachträglich auszusprechen oder zu verlängern.

IV.

Bei der Einziehung sind zwei Gruppen zu unterscheiden[405]).

1.

Ist die Einziehung nur gestattet, wenn die Gegenstände dem Täter oder einem Teilnehmer gehören[406]), so darf diese Unrechtsfolge weder hinzugefügt noch verschärft werden. Das Rechtsmittelgericht darf auch nicht mehr Gegenstände einziehen als das Erstgericht[407]).

Folgerichtig darf entgegen der Meinung des Bundesgerichtshofes[408]) nicht der ganze Gegenstand eingezogen werden, wenn das Ersturteil nur den Miteigentumsanteil des Täters erfaßt hatte.

2.

Macht dagegen das Gesetz die Einziehung nicht vom Eigentum des Täters oder eines Teilnehmers abhängig[409]), so ist der Rechtsmittelrichter völlig frei[410]); denn die Einziehung könnte selbst dann ausgesprochen werden, wenn der Angeklagte gar nicht in einem Hauptverfahren vor Gericht stünde.

---

[405]) Das OLG Frankfurt a. M. JW 1922, 44 Nr. 2 — S 120/21 — hält entgegen unserer teilenden Methode die Hinzufügung der Einziehung im Zweiturteil ohne Rücksicht auf deren Rechtsnatur für zulässig, wenn nur die Höhe der erstinstanzlichen Geldstrafe von Geldstrafe plus Einziehungsbetrag des Zweiturteils nicht überschritten werde; dagegen mit Recht Fuchs in seiner Anmerkung a. a. O.; richtig KG JW 1920, 302 Nr. 1 — S 61/19 — m. Anm. Alsberg.

[406]) So der Regelfall des § 40 StGB.

[407]) RGSt. 27, 245 — I 1508/95 —: Hatte das Ersturteil nur die instrumenta sceleris eingezogen, darf der Zweitrichter die producta nicht mehr einziehen; so auch Weber ZStW 40, 197 (200); Löwe-R 20. Aufl. § 331 Anm. 4a; Eberhard Schmidt § 331 Anm. 18.

[408]) BGH NJW 1952, 892 Nr. 40 (LS) — 4 StR 635/51 —; gegen BGH auch Schwarz 18. Aufl. § 331 Anm. 1 A; zweifelnd Eberhard Schmidt § 331 Anm. 18; zurückhaltend KMR 3. Aufl. § 331 Anm. 3d.

[409]) Vgl. §§ 86, 98 Abs. 2, 152, 245a Abs. 3, 284b Sätze 1 und 2, 295, 296 Abs. 3, 296a Abs. 2, 360 Abs. 2, 367 Abs. 2 StGB, 414 der Reichsabgabenordnung.

[410]) a. A. OLG Köln NJW 1947/48, 148 Nr. 9 — Ss. 102/47 —, das die Einziehung des Mehrerlöses schlechthin dem Verbot unterstellt; dazu Eberhard Schmidt § 331 Anm. 21; KMR 3. Aufl. § 331 Anm. 3c; Erbs § 331 Anm. II A; grundsätzlich richtig BayObLGSt. 1955, 246 — 1 St. 61/55 —, das die Rechtsnatur der Abführung des Mehrerlöses als für unsere Frage unerheblich bezeichnet.

Das Reichsgericht kam mit anderer Begründung zu demselben Ergebnis: verboten sei nur die Verschärfung einer Strafe; die Einziehung sei aber nicht immer Strafe, insbesondere dann nicht, wenn sie ohne Rücksicht auf das Eigentum des Angeklagten zulässig sei[411]).

3.

Entsprechendes gilt für den Wertersatz[412]).

Dabei ist es kein Nachteil, wenn der Angeklagte zunächst als Gesamtschuldner mit seinem Mitangeklagten zu Wertersatz verurteilt war und nunmehr nach dessen Tode als Alleinschuldner verurteilt wird[413]), weil die Gesamtschuldnerschaft es in sich birgt, daß der Angeklagte dem Staate gegenüber die volle Summe zahlen muß, weil ihn also kein neues Übel trifft.

Der Oberste Gerichtshof für die Britische Zone hält es für zulässig, im Zweiturteil einer erstinstanzlichen Geldstrafe Wertersatz hinzuzufügen, wenn die Summe beider Beträge die erste Geldstrafe nicht übersteigt[414]).

Dieser Leitsatz ist einerseits zu eng, andererseits zu weit. Darf nach der sachlichen Grundlage der Wertersatz ohne Rücksicht auf die Täterschaft des Angeklagten ausgesprochen werden, so kann er im Zweiturteil unbeschränkt und unabhängig von der Höhe der Geldstrafe nachgeholt werden. Ist die Täterschaft des Angeklagten aber eine sachliche Voraussetzung, so ist seine Nachholung überhaupt nicht statthaft. Die Zusammenfassung beider Unrechtsfolgen widerspricht unserer teilenden Methode.

Hat das Ersturteil den Angeklagten wegen Zollhinterziehung dazu verurteilt, den Wert der hinterzogenen Sachen zu erlegen, so hält das Reichsgericht[415]) es für zulässig, im Zweiturteil auf Einziehung zu erkennen, will also diese beiden Unrechtsfolgen miteinander austauschen.

---

[411]) RGSt. 55, 12 (13) — IV 645/19 —; Recht 1928, 242 Nr. 995 — II 30/28 —; Recht 1929, 165 Nr. 692 — II 1366/28 —;— II 887/31 —; RGSt. 67, 215 (217 f.) — I 1418/32 —; vgl. auch Weber in ZStW 40, 200, der aus der Rechtsprechung des OLG Dresden zu dieser Frage berichtet und zur reichsgerichtlichen Praxis ablehnend Stellung nimmt (S. 201); vgl. weiter BayObLGSt. 1925, 113 — II 418/24 —; KG Recht 1927 Nr. 1116 — 2 S 4/27 — (für § 295 StGB); KMR 3. Aufl. § 331 Anm. 3d, die dem RG zustimmen.

[412]) Irrig daher RG DStrZ 1918, 373 — III 415/17 —, wo das RG eine nachträgliche Verhängung von Wertersatz für unzulässig erklärt, obwohl diese Unrechtsfolge ohne Rücksicht auf die Täterschaft des Angeklagten verhängt werden mußte.

[413]) RG III 1045/31; Löwe-R 20. Aufl. § 331 Anm. 4a.

[414]) OGHSt. 2, 187 (193) — StS 132/49 —; unrichtig auch OLG Braunschweig NdsRpfl. 1951, 52 — Ws 149/50 —, das die nachträgliche Verhängung von Wertersatz bei Wegfall der Gefängnisstrafe aufgrund des Straffreiheitsgesetzes 1949 für zulässig hält.

[415]) RG Recht 1913 Nr. 2672 — III 317/13 —; Löwe-R 20. Aufl. § 358 Anm. 6e.

Trotz der teilenden Betrachtungsweise greift hier ein ähnlicher Gesichtspunkt ein, wie wir ihn bei verschiedenartigen Hauptstrafen für dieselbe Tat kennengelernt hatten. Der Wert soll nur erlegt werden, wenn die Gegenstände selbst nicht mehr greifbar sind. Die zweite Unrechtsfolge bezieht sich auf dasselbe Objekt wie die erste, nämlich auf den Vermögenszuwachs, den der Angeklagte durch seine strafbare Handlung erlangt hat. Der Wert ist das Surrogat der Sachen, hinsichtlich deren der Zoll hinterzogen worden ist. Da nun aber dieser Zuwachs bereits vom Ersturteil ergriffen wurde, wird das Vermögen des Angeklagten durch das Zweiturteil nicht stärker geschädigt. Beide Unrechtsfolgen sind durch den Surrogationsgedanken so eng miteinander verbunden, daß man sie miteinander vergleichen kann. Folgerichtig muß es auch zulässig sein, die zunächst ausgesprochene Einziehung durch Wertersatz zu ersetzen, wenngleich das Reichsgericht hier den nachträglichen Ausspruch des Wertersatzes nicht für möglich hält[416]).

V.

Die Unbrauchbarmachung des § 41 StGB ist ohne Rücksicht auf die Eigentumsverhältnisse auszusprechen und untersteht daher dem Verschlechterungsverbot aus denselben Gründen nicht, wie sie für die Einziehung unter IV 2 angeführt worden sind[417]).

B.

Bei den im Abschnitt 1a des Strafgesetzbuches genannten Maßregeln der Sicherung und Besserung (§ 42a StGB) müssen wir für den Bereich des Verschlechterungsverbots zwei Gruppen unterscheiden.

I.

Das Gesetz entzieht in den §§ 331 Abs. 2, 358 Abs. 2 Satz 2, 373 Abs. 2 Satz 2 drei Maßregeln der Geltung des Verbots, nämlich die Unterbringung in einer Heil- oder Pflegeanstalt, in einer Trinkerheilanstalt und in einer Entziehungsanstalt (§§ 42a Ziffern 1 und 2, 42b, 42c StGB).

---

[416]) RGSt. 57, 350 (352) — III 232/23 —. — Das Verbot gilt jedoch für den einer Verurteilung zugrunde liegenden Betrag eines Bescheides wegen hinterzogener Steuer; RGSt. 57, 129 — V 885/22 —.

[417]) Das RG — II 158/30 — kommt zum selben Ergebnis, weil es die Unbrauchbarmachung nicht als Strafe, sondern als Sicherungsmaßregel ansieht. Vgl. weiter RGSt. 67, 215 (218) — I 1418/32 —; KMR 3. Aufl. § 331 Anm. 3d; für den Sonderfall des Art. 18 Abs. 2 des Bayerischen Polizei-StGB vgl. BayObLGSt. 1916, 60 (65) — Rev. Reg. 53/15 —; 1952, 150 (152) — 1 St. 162/52 —. Eberhard Schmidt § 331 Anm. 19 will das Verbot dann gelten lassen, wenn die Unbrauchbarmachung den Angeklagten selbst trifft.

Diese drei Maßregeln bringen für den Betroffenen selbst einen solchen Nutzen, daß der Gesetzgeber sie als nicht nachteilig behandelt hat[418]).

Diese Maßregeln darf der Rechtsmittelrichter deshalb verlängern. Er darf sie auch neu anordnen, und zwar sowohl für sich als auch statt oder neben einer anderen Unrechtsfolge des Ersturteils[419]).

II.

Dem Rechtsmittelrichter ist es dagegen verboten, nachträglich die Unterbringung in einem Arbeitshaus (§§ 42a Ziffer 3, 42d StGB), die Sicherungsverwahrung (§§ 42a Ziffer 4, 42e StGB), die Untersagung der Berufsausübung (§§ 42a Ziffer 6, 42l StGB) und die Entziehung der Fahrerlaubnis (§§ 42a Ziffer 7, 42 m StGB) auszusprechen, die Dauer einer dieser Maßregeln zu verlängern oder die eine mit der anderen zu vertauschen[420]), weil sie wegen ihrer Verschiedenartigkeit nicht zueinander in ein Verhältnis gesetzt werden können[421]).

1.

Das gilt für die Unterbringung in einem Arbeitshaus[422]).

2.

Für die Sicherungsverwahrung hat die Rechtsprechung diesen Grundsatz wiederholt ausgesprochen[423]), in dem grundlegenden Urteil

[418]) BGHSt. 7, 101 — 4 StR 594/54 —; Schäfer-Wagner-Schafheutle 271f.; Peters 501; Bruns GA 1956, 234; Seibert MDR 1954, 340; Löwe-R 20. Aufl. § 358 Anm. 8; kritisch Bruns JZ 1954, 737.

[419]) Vgl. RGSt. 69, 150 (152f.) — 3 D 91/35 — (neben der Entmannung); JW 1935, 3379 Nr. 9 — 2 D 409/35 — (neben der Sicherungsverwahrung); ferner RGSt. 68, 165 (166) — 2 D 379/34 —; HRR 1935 Nr. 71 — 1 D 612/34 — (statt der Entmannung); KMR 3. Aufl. § 331 Anm. 3e; Löwe-R 20. Aufl. § 331 Anm. 4a; Eberhard Schmidt § 331 Anm. 22; Bruns JZ 1954, 734; unentschieden OGHSt. 1, 134 (140) — StS 73/48 —.

[420]) Siehe Kapitel 9 unter B. Das hindert aber nicht daran, einen zunächst im Sicherungsverfahren gemäß §§ 429a ff. in einer Heil- oder Pflegeanstalt Untergebrachten nach Überleitung des Verfahrens gemäß § 429d im Rechtsmittelzuge schuldig zu sprechen, weil die Veränderung des Schuldspruchs nicht verboten ist. Nach einer von Dallinger MDR 1952, 660 mitgeteilten Entscheidung des BGH — 4 StR 217/52 — soll das Verschlechterungsverbot auch einer Bestrafung nicht entgegenstehen. Das läßt sich wohl kaum mit dem Gesetz vereinbaren.

[421]) a. A. RGSt. 69, 129 (131f.) — 1 D 1326/34 —, das Auswechselung in seinen Weisungen nach § 358 Abs. 1 gutheißt; BGHSt. 5, 313 (316f.) — 4 StR 755/53 —. Wie hier BGH NJW 1954, 159 Nr. 21 — 3 StR 504/53 — ; KMR 3. Aufl. § 331 Anm. 3e, § 358 Anm. 5b; Löwe-R 20. Aufl. § 331 Anm. 4a.

[422]) Eberhard Schmidt § 331 Anm. 22; a. A. KG JW 1934, 1868 Nr. 12 — 2 S 73/34 — m. zust. Anm. Rudolf Lehmann. Das KG bringt wieder die Begründung, die Unterbringung in einem Arbeitshaus sei keine Strafe, sondern eine Maßregel der Sicherung und Besserung, für die § 331 nicht gelte.

[423]) RG JW 1935, 519 Nr. 13 — 1 D 1148/34 — m. zust. Anm. Richter; JW 1935, 2135 Nr. 8 — 3 D 1328/34 —; HRR 1937 Nr. 138 — 1 D 453/36 —. Ebenso OLG Hamm MDR 1948, 259 Nr. 109 — 2 Ss. 40/48 —; das SchlHolstOLG SchlHA

vom 7. 1. 1935[424]) auch für den Fall, daß für die Sicherungsverwahrung eine andere vom Erstrichter angeordnete Sicherungsmaßnahme wegfällt[425]).

Die beiden abweichenden Urteile des Reichsgerichts[426]) und des Bundesgerichtshofes[427]) sind mit dem Gedanken des Verzichts zu erklären[428]).

3.

Für die Untersagung der Berufsausübung gelten die allgemeinen Grundsätze[429]).

4.

Bei der Entziehung der Fahrerlaubnis müssen zwei Aussprüche des Urteils unterschieden werden.

Einmal entzieht der Richter dem Angeklagten die Fahrerlaubnis und verbietet der Verwaltungsbehörde, dem Angeklagten einen neuen Führerschein zu erteilen.

Zum anderen zieht er den Führerschein des Angeklagten ein.

Daß die nachträgliche Entziehung der Fahrerlaubnis unzulässig ist, hat der Bundesgerichtshof entschieden[430]).

1950, 251 — Ws. 215/49 — hält die Vollziehung der Sicherungsverwahrung heute für unzulässig, wenn sie zu einer Zeit angeordnet war, in der das Verschlechterungsverbot nicht galt, wenn diese Anordnung heute aber unzulässig sein würde.

[424]) RGSt. 69, 76 — 2 D 1384/34 —.

[425]) Vgl. auch RG JW 1935, 2381 Nr. 41 — 2 D 1406/34 —, wo das RG grundsätzlich die nachträgliche Anordnung der Sicherungsverwahrung verbietet, aber für die Übergangszeit bei Inkrafttreten des Gewohnheitsverbrechergesetzes eine Ausnahme zuläßt, weil Art. 5 Nr. 2 dieses Gesetzes sogar die vollständige Rechtskraft durchbreche und eine nur relative Rechtskraft nicht anders behandelt werden könne; ebenso RG JW 1935, 294 Nr. 21 — 4 D 644/34 — m. zust. Anm. Richter; JW 1935, 535 Nr. 39 — 1 D 1039/34 —; — 1 D 1139/34 —; — 1 D 394/34 —; JW 1935, 519 Nr. 13 — 1 D 1148/34 — m. zust. Anm. Richter; RGSt. 69, 76 — 2 D 1384/34 —; JW 1935, 2135 Nr. 8 — 3 D 1328/34 —; JW 1935, 1853 Nr. 10 — 2 D 41/35 —; OLG Köln HRR 1934 Nr. 1648 — S 74/34 —; AV d. Pr. JM v. 17. 2. 1934 in DJ 1934 Nr. 245 —; anders (§ 358 Abs. 2 hindere auch hier die nachträgliche Verhängung der Sicherungsverwahrung) RG — 4 D 492/34 —, aufgegeben von RG JW 1935, 294 Nr. 21 — 4 D 644/34 —. RG — 1 D 632/34 — läßt die Frage offen. — Das OLG Oldenburg NdsRpfl. 1947, 47 — Ss. 61/47 — hält es mit Recht für keinen Nachteil, wenn die Unterbringung im Zweiturteil wegfällt, die vom Ersturteil angeordnete Sicherungsverwahrung aber bestehen bleibt und nun sofort vollstreckt wird.

[426]) RGSt. 69, 129 — 1 D 1326/34 —.

[427]) BGHSt. 5, 313 (316) — 4 StR 755/53 — m. Anm. Hülle in LM § 358 StPO zu Nr. 13; berichtend Werner DRiZ 1956, 105; scharf abl. Eberhard Schmidt § 331 Anm. 23.

[428]) Siehe Kapitel 9 unter B.

[429]) Löwe-R 20. Aufl. § 331 Anm. 4a; Schäfer-Wagner-Schafheutle 272: Verlängerung sei ebenfalls unzulässig.

[430]) BGHSt. 5, 168 (178) — 3 StR 504/53 —; BayObLG JZ 1957, 388 (389) — 1 St. 73/56 —; OLG Stuttgart NJW 1953, 1822 Nr. 26 — Ss. 146/53 —; Eberhard Schmidt § 331 Anm. 22; Bruns GA 1954, 163; Werner DRiZ 1956, 105.

In demselben Urteil erklärt er es aber für möglich, bei ausgesprochener Entziehung der Fahrerlaubnis nachträglich den Führerschein einzuziehen[431]), wenn der Erstrichter dies unterlassen hatte. Zur Begründung beruft er sich auf die alte Rechtsprechung des Reichsgerichts[432]), wonach das Verbot für solche Einziehungen nicht gelte, die in erster Linie polizeiliche Zwecke verfolgen. Da die Einziehung des Führerscheins dem Täter ein Zuwiderhandeln gegen die Entziehung der Fahrerlaubnis erschweren solle, sei sie eine Vollzugsmaßnahme polizeilicher Art.

Diese Begründung hält nicht stand, weil das Verschlechterungsverbot alle Unrechtsfolgen ohne Rücksicht auf ihre Rechtsnatur erfaßt[433]).

Nun muß nach § 4 Abs. 1 des Straßenverkehrsgesetzes vom 19. Dezember 1952[434]) die Verwaltungsbehörde die Fahrerlaubnis entziehen, wenn sich jemand als ungeeignet zum Führen von Kraftfahrzeugen erweist. Gemäß § 4 Abs. 4 Satz 2 des Straßenverkehrsgesetzes muß der Führerschein sodann bei der Behörde abgeliefert werden. Die Behörde kann diese Ablieferung nach den Grundsätzen des Verwaltungszwangsverfahrens erzwingen[435]). Damit trifft den Angeklagten dieser Nachteil auch außerhalb des Hauptverfahrens. Nach unserer Definition ist das Urteil des Bundesgerichtshofes daher im Ergebnis zu Recht ergangen.

Daß die Entziehung der Fahrerlaubnis selbst nicht nachträglich ausgesprochen werden darf, folgt aus der negativen Feststellungswirkung des § 4 Abs. 1 StVG[436]).

C.

Für die Unrechtsfolgen, die die einzelnen Tatbestände des Besonderen Teils des Strafgesetzbuches androhen, gilt ebenfalls der Grundsatz, daß sie nicht nachträglich angeordnet, verlängert oder miteinander vertauscht werden können.

I.

So ist es

1. mit dem Verluste des Wahl- und Stimmrechts und der Wählbarkeit sowie

---

431) Zust. KMR 3. Aufl. § 331 Anm. 3e, § 358 Anm. 5b.

432) Vgl. die Zusammenstellung in RGSt. 67, 215 (217f.) — I 1418/32 —.

433) Zweifelnd an der Entscheidung des BGH Bruns JZ 1954, 733 und Eberhard Schmidt § 331 Anm. 22, der aber die Einziehung des Führerscheins als Vollstreckungsmaßnahme ansieht und deshalb für zulässig hält.

434) BGBl. I 837. Vgl. weiter § 15b der Straßenverkehrs-Zulassungs-Ordnung v. 13. November 1937 i. d. F. der Bekanntmachung vom 29. März 1956 (BGBl. I 271, berichtigt 510).

435) Und zwar nach dem Verwaltungsvollstreckungsgesetz v. 27. April 1953 — BGBl. I 157.

436) Dallinger MDR 1954, 150, der der Entscheidung des BGH zustimmt, weist zutreffend darauf hin, daß das Verschlechterungsverbot eben wegen § 4 Abs. 1 StVG in den Fällen zum Teil im Endergebnis illusorisch werden kann, in denen sich im Berufungsverfahren wesentlich ergänzende Feststellungen ergeben, weil dann die Verwaltungsbehörde am Einschreiten nicht mehr gehindert ist.

2. mit dem Verluste der aus öffentlichen Wahlen hervorgegangenen Rechte (§§ 85, 98, 101, 109i Ziffer 2 StGB).

II.

Die Einziehung von Vermögenswerten, die an die Stelle eines instrumentum oder productum sceleris getreten sind, ist nach § 86 Abs. 1 Satz 2 StGB nur gegen den Täter möglich. Diese besondere Einziehung untersteht deshalb dem Verschlechterungsverbot. Der Zweitrichter darf daher auch nicht mehr Vermögenswerte einziehen als das Ersturteil.

III.

Die Einziehung des Entgelts für eine strafbare Handlung oder eines ihm entsprechenden Geldbetrages (§§ 86 Abs. 3, 108b Abs. 3 StGB) darf ebenfalls nur gegen den Täter ausgesprochen werden und fällt deshalb unter das Verbot der reformatio in peius.

IV.

Die öffentliche Bekanntmachung der Verurteilung auf Kosten des Schuldigen, wie sie die §§ 104b (für §§ 103, 104), 285a Abs. 2 (für §§ 284, 284a, 285), 165 Abs. 1 Satz 2 und 200 Abs. 1 Satz 2 StGB zulassen, darf weder in der Art der Bekanntmachung[437]) noch in der Frist[438]) verschärft werden. Dabei ist die Höhe der Kosten zu berücksichtigen, die der Verurteilte zu tragen hat. Sie dürfen im Zweiturteil nicht höher sein als im Ersturteil.

---

[437]) KMR 3. Aufl. § 331 Anm. 3c; Löwe-R 20. Aufl. § 331 Anm. 4a; Eberhard Schmidt § 331 Anm. 20; Keller 1878 § 372 Anm. 2e; Daude zu § 372. So ist es unzulässig, im Rechtsmittelzuge die Veröffentlichung eines Teils der Urteilsgründe zu gestatten, wenn das Ersturteil darüber geschwiegen hatte, weil sich in der Praxis die Veröffentlichung nur des Tenors als übliche Sanktion herausgebildet hat; BayObLGSt. 1954, 71 (72) — 3 St. 76/54 —. — Zum Grundsätzlichen vgl. RG Recht 1906, 1387 Nr. 3390 — 3 470/06 —; Recht 1912 Nr. 1397 — III 97/12 —; BayObLG DRiZ 1926 Nr. 425 — I A 372/25 —. RG Recht 1906, 454 Nr. 1132 — II 181/06 — hält die Bestimmung einer anderen Zeitung als Mittel der Veröffentlichung auch dann für zulässig, wenn die früher bestimmte Zeitung diesem Angeklagten als Verleger oder Drucker des Blattes weniger Kosten berechnet hätte. Dem wird man zustimmen müssen, weil hier die generell-objektive Betrachtungsweise nur folgerichtig durchgeführt wird: es muß außer Betracht bleiben, daß die neu bestimmte Veröffentlichung gerade für diesen Angeklagten kostspieliger ist, weil nur ihm und nicht jedem anderen Angeklagten auch die Ersparnismöglichkeit zu Gebote stand. Für einen Sonderfall vgl. RG JW 1908, 371 Nr. 18 — V 792/07 —: der Ausspruch der Veröffentlichungsbefugnis von Amts wegen gemäß § 4 Unl.WG sei nicht härter als der der Veröffentlichungsbefugnis zugunsten des Verletzten (§ 7 UnlWG). Über das Rechtsinstitut und seinen Charakter vgl. Coenders GS 1915, 286ff., insbesondere 388ff.

[438]) RG JW 1933, 955 Nr. 10 — 2 D 845/32 —; KMR 3. Aufl. § 331 Anm. 3c. Kein Nachteil ist es, wenn das Berufungsgericht erst die Frist bestimmt, weil es damit die zeitlich zunächst unbegrenzte Veröffentlichungsbefugnis beschränkt; BayObLGSt. 1954, 71 — 3 St. 76/54 —.

V.

Die Erteilung einer Urteilsausfertigung an den Verletzten auf Kosten des Schuldigen (§§ 165 Abs. 2, 200 Abs. 3 StGB) muß wie die Bekanntmachung der Verurteilung behandelt werden[439]).

VI.

Für den Ausspruch der Unfähigkeit, als Zeuge oder Sachverständiger eidlich vernommen zu werden (§ 161 StGB), gilt das Verbot ebenfalls, wie die Rechtsprechung wiederholt entschieden hat[440]).

Hatte der Erstrichter rechtsirrig nur die Eidesfähigkeit als Zeuge aberkannt, so darf der Rechtsmittelrichter den Spruch nicht auf die Eigenschaft als Sachverständiger erstrecken[441]) und umgekehrt.

VII.

Dagegen gilt das Verbot der reformatio in peius nicht für die Buße der §§ 165 Abs. 2, 200 Abs. 3 StGB.

Rechtsprechung[442]) und Schrifttum[443]) sehen den Grund in der Rechtsnatur dieser Unrechtsfolge, die nichts anderes ist als eine Entschädigung zivilrechtlichen Charakters.

Aus eben diesem Grunde kommen wir zu demselben Ergebnis. Sieht der Verletzte davon ab, im Strafverfahren eine Buße zu beantragen, so kann er gegen den Angeklagten vor dem Zivilgericht klagen. Der Angeklagte sieht sich dieser Folge seiner Tat also auch außerhalb des Hauptverfahrens gegenüber. Seine Entschlußfreiheit wird durch den nachträglichen Ausspruch der Buße nicht beeinträchtigt. Das in den §§ 403ff. StPO vorgesehene Verfahren zur Entschädigung des Verletzten betrifft ebenfalls bürgerlich-rechliche Ansprüche und hat mit dem Verschlechterungsverbot nichts zu tun.

---

439) Siehe dieses Kapitel unter C IV.

440) RG — I 764/32 —, zitiert bei RGSt. 67, 215 (218) und bei Löwe-R 20. Aufl. § 331 Anm. 4a, sowie bei BGHSt. 4, 157 (158) — 4 StR 90/53 — m. zust. Anm. Hülle in LM § 161 StGB zu Nr. 3; Eberhard Schmidt § 331 Anm. 17; KMR 3. Aufl. § 331 Anm. 3c, § 358 Anm. 5a; Löwe-R 20. Aufl. § 358 Anm. 6i, § 331 Anm. 4a; unentschieden RG JW 1930, 3401 Nr. 7 — 1 D 118/30 —.

441) a. A. hier ausdrücklich RG JW 1930, 3401 Nr. 7 — 1 D 118/30 — m. zust. Anm. Oetker.

442) RGSt. 15, 439 — I 624/87 —; RGSt. 41, 104 (105) — I 343/07 —; RGSt. 44, 294 (295) — V 207/10 —; JW 1926, 2449 Nr. 6 — 2 D 304/26 — m. zust. Anm. Gerland. Zur Rechtsnatur der Buße vgl. RGRspr. 9, 171 (172) — I 187/87 — und RGSt. 31, 334 (335) — I 2950/98 — m. w. Nw.

443) Löwe-R 20. Aufl. § 331 Anm. 4a; Kohlrausch 1922 § 398 Anm. 4; Keller 1878 § 372 Anm. 2f.; Gerland 413; Lauckner 21f.; Schultzenstein 16; Oetker GS 66, 357; a. A. (das Verbot gelte auch für die Buße) Stenglein GS 1883, 316 Fußnote 2.

VIII.

Die Erklärung im Urteil, daß das bei einer Bestechung Empfangene oder dessen Wert dem Staate verfallen sei (§§ 331 bis 335 StGB), kann nur gegen den Täter ausgesprochen werden und muß daher dem Verbot unterstehen.

Damit sind die besonderen Unrechtsfolgen des Strafgesetzbuches erschöpfend behandelt.

D.

Zur nachteiligen Veränderung der Kostenentscheidung hatten wir schon im Kapitel 2 gesagt, daß das Verbot auch für sie gelten müsse.

Die Rechtsprechung hat hier unterschiedlich geurteilt. Das Reichsgericht[444]) unterstellte sie dem Verbot, weil auf die Wahl des Wortes „Strafe" kein entscheidendes Gewicht zu legen sei und weil das Verbot bei § 358 Abs. 2 (damals: § 398 Abs. 2) genau so jede Änderung „zum Nachteile" verbiete wie bei § 331 (damals: § 372).

Der Bundesgerichtshof[445]) läßt eine Schlechterstellung des Angeklagten zu, weil die Kosten keine Strafe seien. Die abweichende frühere Rechtsprechung des Reichsgerichts beruhe auf der Erwägung, daß dem Berufungsgericht eine Abänderung des Urteils „zum Nachteil des Angeklagten" untersagt sei. Die Neufassung des § 331 habe dieser Begründung den Boden entzogen. Auch sonst sei „kein zwingender Grund zu finden, der einer Schlechterstellung des Rechtsmittelführers im Kostenpunkte entgegenstünde; im Zivilprozeß wurde sie von jeher für zulässig erachtet".

Widerspricht das angeführte Urteil des Reichsgerichts seiner sonstigen Rechtsprechung auch insofern, als es hier den § 358 Abs. 2 aus dem § 331 auslegt, während es sonst umgekehrt vorgeht, so wahrt es doch den Zweck der Verbotsvorschriften. Ihm ist deshalb beizupflichten.

---

[444]) RGSt. 45, 62 (64) — III 302/11 —; HöchstRR 1926, 110 — 2 D 694/25 —; ebenso KG DJZ 1905, 1013 Nr. 48 — 1 S 352/05 —; Recht 1929, 43 Nr. 186 — 4 V 141/28 —; BayObLG GA 71, 177 — 2 S 220/26 —; OLG Dresden LZ 1930, 1340 Nr. 3 — 1 OSt. 111/30 —; Löwe-R 20. Aufl. § 331 Anm. 4a, § 358 Anm. 6k; Daude 1912 § 398 Abs. 2 Note 63; das Urteil RG GA 50, 113 — 2 D 3237/02 — traf nicht unsere Frage, da dort das Ersturteil sachlich nicht verändert wurde; der Fall des BayObLG in BayObLGSt. 1949/51, 62 (70) — III 16/49 — betraf lediglich eine Berichtigung der Kostenentscheidung ohne sachliche Folgen.

[445]) BGHSt. 5, 52 — 1 StR 710/52 — m. zust. Anm. Jagusch in LM § 358 StPO zu Nr. 10; Eberhard Schmidt § 331 Anm. 37; KMR 3. Aufl. § 331 Anm. 3c; Werner DRiZ 1956, 105; KG GA 55, 119 — 2 S 526/05 —.

Schlußwort

Der dritte Teil der Arbeit hat erwiesen, daß die gefestigte höchstrichterliche Rechtsprechung in der weit überwiegenden Zahl der Fälle richtig entschieden hat, wenn auch die Begründungen oft auseinandergehen und einander teilweise sogar widersprechen. Es war deshalb auch das wesentliche Anliegen dieses Versuchs, die Rechtsprechung unter einem einheitlichen Gesichtspunkt zusammenzufassen.

Zu dem Streit um die Zweckmäßigkeit des Verschlechterungsverbots de lege ferenda läßt sich bei der Vielzahl der eingehenden und gründlichen Meinungsäußerungen nichts Neues mehr sagen. Es sei festgestellt, daß auch in Zeiten rechtsstaatlicher Vergangenheit die Stimmen überwiegen, die sich trotz seines hohen ethischen Sinnes für die gänzliche Abschaffung des Verbots im Interesse der Gerechtigkeit aussprechen.

Behält man es aber bei, so mag die im Kapitel 2 unter E III gegebene Anregung bei einer Neufassung der Strafprozeßordnung bedacht werden:

> „Das Urteil darf in seinen Unrechtsfolgen nicht zum Nachteil des Angeklagten geändert werden, wenn lediglich der Angeklagte ... ein Rechtsmittel eingelegt hat.
>
> Als Nachteil im Sinne dieser Vorschrift gilt nicht eine Veränderung des Schuldspruchs, die Anordnung der Unterbringung in einer Heil- oder Pflegeanstalt, einer Trinkerheilanstalt oder einer Entziehungsanstalt."

FSC
www.fsc.org
MIX
Papier | Fördert gute Waldnutzung
FSC® C083411

Kolibri 360 GmbH
Ferdinand-Jühlke-Straße 7
99095 Erfurt, Deutschland
produktsicherheit@kolibri360.de